Sabine Zimmermann
Alexandra Höchstetter

Gebt uns eure Stimme
Die Botschaften der Tiere
an uns Menschen,
wenn wir ihnen zuhören

Sabine Zimmermann
Alexandra Höchstetter

Gebt uns eure Stimme

Die Botschaften der Tiere
an uns Menschen,
wenn wir ihnen zuhören

NOEL-Verlag

Originalausgabe
November 2025

NOEL-Verlag GmbH
Achstraße 28
D-82386 Oberhausen/Obb.

www.noel-verlag.de
info@noel-verlag.de

Die Deutsche Bibliothek verzeichnet diese Publikation in der Deutschen Nationalbibliografie, Frankfurt/M.; ebenso in der Bayerischen Staatsbibliothek in München.

Autorinnen: Sabine Zimmermann
Alexandra Höchstetter
Covergestaltung: NOEL-Verlag

1. Auflage
Printed in Germany
ISBN 978-3-96753-259-3

Inhaltsverzeichnis

Vorwort
von Madeleine Walker

(aus dem Englischen übersetzt)

Es ist ein besonderes Privileg, dass ich gebeten wurde, zu diesem Buch etwas beizutragen, denn es ist seit über 20 Jahren meine Mission, Aufmerksamkeit über die tiefgreifende Beziehung, die unsere Tiere zu uns haben, zu schaffen. Viele von uns haben inzwischen eine Offenheit für das Konzept der Tierkommunikation entwickelt und dafür, dass Tiere möglicherweise unsere größten Lehrer und Heiler sein können.
Seitdem ich das erste Mal mit einem Jack Russel Welpen, namens Sam, kuschelte, hat sich mein Leben für immer verändert.
Er begann mit mir über Tiere und Menschen zu ‚sprechen', über Reinkarnation und wie wir durch viele Lebenszeiten als Seelenfamilie gemeinsam in verschiedenen Formen und Beziehungen reisen.
Manchmal werden solche Seelen-Beziehungen von andauernden schmerzhaften Traumata begleitet.

Diese Traumata können Auswirkungen in unserem jetzigen Leben haben, in beiden Bereichen, emotional und physisch, da sie auf der Zellebene oder in unserer sogenannten ‚Junk-DNA' abgespeichert sind.
Unsere domestizierten tierischen Gefährten arbeiten sehr hart dafür, uns auf unseren Lebensreisen zu unterstützen, oftmals, indem sie unsere emotionalen und

physischen Herausforderungen übernehmen, um uns das zu spiegeln, worum wir uns selbst kümmern müssen und was zu erlösen oder loszulassen ist. Das ermöglicht Heilung und tieferes Verständnis davon, wie wir wachsen und aus unseren Kämpfen lernen können.

Eine der wichtigsten Botschaften aus dem Tierreich ist, dass wir unsere Kraft zur Selbstermächtigung zurückgewinnen müssen, um eine tiefgreifende Erinnerung daran zu bewirken, dass wir so viel mehr sind, als wir zuvor geglaubt haben oder dazu konditioniert wurden, es zu glauben.

Die Tiere lehren uns, dass wir multidimensionale Wesen sind, die solche Inkarnationen wählen, die unser seelisches Wachstum fördern.

Wie wundervoll, dass unsere Tiere in der Lage sind, uns auf diesen Erinnerungsreisen zu führen!

Unsere Herzen zu öffnen, kann für uns Menschen so schwer sein. Wir haben durch Trauer und Schuld, so viele Verletzungen und Schmerz in uns eingeschlossen, welche wir verinnerlicht haben, und was ständig dazu führt, dass wir uns selbst bestrafen.

Unser emotionales ‚Gepäck' ist ein sehr menschliches Konstrukt, welches Tiere oft als frustrierend empfinden, wenn sie versuchen, uns umzuerziehen, so wie Bo, eines der Pferde von Alexandra, und Neo, der erste Hund von Sabine und andere Tiere von Klientinnen und

Klienten von Alexandra als Beispiele, in den nächsten Kapiteln erzählen.

Pferde lehrten mich, wie wir zu vergangenen Traumata zurückkehren und das ‚Drehbuch überschreiben' können, indem wir eine ganz neue Dimension kreieren, in der das Erlebnis, welches das Trauma auslöste, nie passiert ist und der neuen Story die Erlaubnis geben, unsere DNA zu rekalibrieren.

Eine Katze erzählte mir von vorgeburtlichen Seelenverträgen, für die wir uns alle zusammenfinden, die festlegen, wer mit wem und wann wir alle für das höchste Potenzial an Seelenwachstum wieder zusammenkommen. Sie übermittelte mir die Technik, zu solch einem Meeting zurückzukehren und einen neuen Seelenvertrag zu kreieren und dabei einige der sehr schweren Lektionen des Lebens, die wir erfahren haben, loszulassen, damit wir Menschen wieder durch Freude und Liebe wachsen können. Es ist so wundervoll, dass sich die Tiere so sehr dafür engagieren, uns auf vielen Leveln, d. h. auch in verschiedenen Bereichen, zu helfen.

Indem Sie die einzelnen Kapitel dieses wundervollen Buches lesen, werden Sie sich zunehmend mehr darüber bewusst, wie wunderbar unsere Tiere sind.
Niemals sollten wir unterschätzen, was sie alles über uns wissen! Niemals dürfen wir ihre Tiefe an Weisheit zurückweisen, wie die Autorinnen auf ihren gemeinsamen Reisen mit ihren und anderen Tieren entdeckten!

Vertrauen Sie darauf, dass das, was Sie intuitiv von Ihren Tieren wahrnehmen, stimmt. Sie werden ihre Seelenverbindung zu Ihnen durch die Augen Ihrer Tiere spüren. Es heißt, dass unsere Augen die Fenster zu unseren Seelen sind, und das ist so wahr, wenn Sie augenblicklich glauben zu wissen, dass Ihr neuer Hund oder ein anderer Tiergefährte, der zurückgekehrte alte Freund ist. Meine geliebte Hündin Winnie sagte mir, kurz bevor sie in den Spirit hinüberging: *„Es gibt kein Ende, nur neue Anfänge."*

Meine Tiere waren bei vielen Herausforderungen des Lebens immer für mich da. Sie nahmen mich mit auf eine Achterbahnfahrt an Abenteuern, die über den ganzen Globus gingen und mich sogar in Verbindung mit Wildtieren in deren natürlichem Habitat brachten.

Obwohl ihre Botschaften viel mit der Heilung des Planeten zu tun haben, sind wir es, als Guardians – Bewahrer – der Erde, die wirklich für unsere gesamte Zukunft auf die Lehren der Tiere hören sollten. Der einzige Weg für uns alle führt dahin, dass Konzept der ‚interspecies unification', der Vereinigung zwischen den Arten, als Wesen mit offenem Herzen, anzuerkennen und zu umarmen, indem wir in Harmonie mit der Natur und uns selbst leben können.

Möge dieses Buch Ihr Herz öffnen und tiefen Respekt für Ihre tierischen Freunde bewirken und für all das, was sie mit Ihnen, als ein gesegnetes Geschenk, teilen wollen.

Wir sind in der Tat wahrhaftig gesegnet, unser Leben mit solch wunderbaren Lehrern zu teilen.

GENIESSEN SIE ES!

www.madeleinewalker.co.uk

Einleitung
von **Sabine Zimmermann**
und **Alexandra Höchstetter**

Zu Beginn möchten wir unseren Leserinnen und Lesern einen Eindruck vermitteln, wie dieses sehr persönliche Buch über die Bedeutung von Tierkommunikation entstanden ist.
Meine (Sabine Zimmermann) Astrologin, Helga Pitz, sagte mir vor vielen Jahren anhand meines von ihr erstellten Geburtshoroskops: *‚Sie werden einmal ein Buch schreiben'*. Ich konnte mit der Aussage und Vision damals noch nichts anfangen.

Mein Beruf hat seit über 25 Jahren mit Kommunikation und PR zu tun. Artikel und Anderes für Kunden zu schreiben, gehört dazu. Mein geliebter Hund, Neo, war nach seinem Tod der Initiator, endlich mein Buch zu schreiben.
Neo forderte in einem Gespräch mit Denise Schmidke, einer inzwischen freundschaftlich verbundenen Tierkommunikatorin, die ich im Zuge meiner Ausbildung kennenlernte:

„Wir Tiere stellen uns immer wieder neuen Herausforderungen und wir machen es gerne, ihr solltet echt mehr von uns Tieren haben. Aber was nicht ist, kann ja noch werden, dafür sind wir da, und ihr Tierkommunikatoren, die es in die Welt tragen. Schreit es am besten in die Welt hinaus, damit es auch jeder, sogar der

Letzte, versteht, was wir euch sagen und lehren können."

Schreit es heraus, das impliziert: Wir Tierkommunikatorinnen sollen ein breites Publikum erreichen. Was wir euch lehren können, spricht für sich ... Die klare Ansage wirkte nach, ich erahnte meine Mission, für die Tiere ein Buch über die Lehren aus der Tierkommunikation zu schreiben. In den Worten, „was wir euch lehren können", ist die Weisheit zu erahnen.

Im Sommer 2023 war es endlich soweit und es ging ganz anders weiter: Aus der Aussage, ich schreibe mein Buch, wurde: ‚Wir schreiben unser Buch!'
Ich erfuhr, dass Alexandra Höchstetter Tierkommunikation beruflich macht, als ihre Website online ging und ich den Link bekam.
Ich erzählte ihr, dass ich ein Buch dazu schreiben werde und auch eine Ausbildung mache.
„Dann steht deine Co-Autorin vor dir", war ihre klare und spontane Reaktion. Und so kam es, ich stimmte direkt zu.
Neo sagte mir, als ich ihn zu dem Teamwork in der Anfangsphase befragte: *„Das passt, ihr beide sprecht eine Sprache und auch unsere."*

Ich (Alexandra Höchstetter) kam als professionelle ganzheitliche Tierkommunikatorin zu diesem Herzensprojekt dazu.

Gespräche mit meinen eigenen Tieren und den vielen, mit denen ich im Auftrag ihrer Besitzerinnen und Besitzer sprach, bilden das Fundament der interessanten und wertvollen Botschaften der Tiere in unserem Buch.

Wir haben mit den Tieren fantastische und authentische Co-Autoren, die auch uns beide immer wieder mit dem überraschen, was sie beschäftigt, ihr umfangreicher Schatz an Weisheiten und ihre Klarheit.

Die Original-Gespräche sind als Auszüge in das Buch, passend zu den Themen der Kapitel, integriert.

Mehrfach veränderten wir die inhaltliche Ausrichtung, passten die Gliederung für das Buch wieder im Zuge der Entstehung und des Zuhörens, was die Tiere Wertvolles sagten, an.
Wir beide realisierten immer mehr, dass es um den Wunsch und die Intention der Tiere ging, ihrem Bezugsmenschen und den Menschen mit ihrem Wissen und ihrer Sichtweise zu helfen.
So viele Tiere möchten Menschen in ihrer persönlichen Entwicklung weiterbringen.
Viele schöne gemeinsame Abende, mit Flipchart und intensiven Reflexionen über Gesagtes – und vor allem über Tierbotschaften, die es mehr als wert sind, sie in die Welt zu tragen, wie Neo es vorgab, folgten. Wir wurden auf interessante Parallelen in den Gesprächen aufmerksam.

Insbesondere die klare Auffassung der Tiere zu ihrer Lebensaufgabe.

Sie nennen es ‚das Wesentliche' und ‚die Essenz', die sie an ihren Menschen weitergeben können und wollen. Aus der Lebensaufgabe der Tiere für Heilung und Veränderung wurde ein eigenes Kapitel 3.

Die Weisheit der Tiere ist so beeindruckend, inspirierend und wertvoll für die Menschen, dass wir dem Geschenk der Tiere Kapitel 4 widmeten. Persönlich gehaltene Antworten und Botschaften für ihren Herzensmenschen und auch andere Tiere, ihre Sicht auf uns Menschen, mit der Weisheit der alten Seelen – all dies kommt in diesem Buch vor. Ein wahres Geschenk von unschätzbarem Wert, auch für die Tiere!

Ich (Sabine Zimmermann) fragte im Sommer 2024 meinen Neo, der mit 17,5 Jahren starb und mich so lange als Spiritual Teacher begleitet hatte, was ich zu dem Buch wissen soll:

***„Wisse, dass es so ein Geschenk
für die Tierwelt ist,
was ihr beiden macht. Achtet auf die Worte und
Sichtweisen von uns! Das meine ich so, dass
Gesagtes, Wissen von uns,
in das Buch rein muss,
damit die Menschen Zugang finden.“***

Ein deutlicher Hinweis, wir sollen auf die Worte und Sichtweisen der Tiere, auch unserer Tiere, hören. Vor diesem Hintergrund ist dieses Buch ein ganz anderes Buch, denn Tiere sind unsere Mit-Autoren. Wir schreiben für sie und tragen ihre Weisheit in die Welt. Zudem ließ Neo mich wissen, dass wir durch unsere Liebe zu den Tieren und unsere Weisheit überzeugen können. Das fließe schon durch unsere Gedanken zu dem Buch ein.
Tiere kommunizieren untereinander in der universellen Sprache, die keine Grenzen kennt: durch Gefühle, Gedanken, Energien und auch durch ihre Körpersprache, über ganz subtile oder auch eindeutige Gesten. Dieser Austausch findet immer statt. Sie kommunizieren untereinander in Herden und in der Natur über konkrete Inhalte.

Nur, Menschen können sich das schwer vorstellen, dass Tiere sprechen können, auch wenn sie selbst ständig auf ihr Haustier einreden. Es liegt jenseits von Bekanntem und obliegt nicht der Welt des von vielen, wenn möglich, ständig kontrollierten Lebens und Alltags. Dass Tiere mit Menschen sprechen können, übersteigt meistens das Vorstellungsvermögen, was in dieser Tier-Mensch-Beziehung für möglich gehalten wird.

Madeleine Walker, die unserem Buch ihr Vorwort widmete, kommuniziert seit vielen Jahren auch mit Wildtieren und freilebenden Tieren, wie Löwen, Elefanten und Delphinen.

Viele Menschen realisieren im täglichen Umgang mit einem Haustier aufgrund der unmittelbar gezeigten Reaktion, dass sie die menschliche Sprache schon ‚irgendwie' verstehen.
Tiere können Gedanken lesen, d. h. auch eine telepathische Verbindung entsteht. Über diesen Kommunikationskanal schicken Tiere in der Kommunikation mit ihnen Bilder, die das, was sie uns Tierkommunikatorinnen erzählen, erklären, bestätigen oder visualisieren sollen.
Die meisten Menschen empfangen die Antworten ihrer Tiere nicht bewusst, manchmal geschieht es auf unbewusste Art und Weise. Eine Reaktion des Tieres oder ein beim Menschen entstehendes Gefühl führen zu einer Art ableitbarer oder erahnter Antwort.

Fakt ist, unsere Tiere haben viel Weisheit und wollen uns diese auch vermitteln. Das bedeutet konkret, die meisten möchten mit ihren Herzensmenschen und auch anderen Menschen sehr gerne kommunizieren.

Genau vor diesem Hintergrund entschieden wir uns für den Titel, aus der Perspektive der Tiere, als ihre Botschafterinnen.

Peppy, ein Pferd von mir (Alexandra) führte mit seiner Interpretation der Bedeutung unseres Buch-Projekts zu dem Untertitel:

Die Botschaften der Tiere
an uns Menschen,
wenn wir ihnen denn zuhören

Peppy sagte sogar, wenn wir ihnen *denn* zuhören würden. Damit deutete Peppy an, dass es leider viel zu selten der Fall ist.

Wir beide haben eine Mission und erfüllen sie mit Passion, damit wir mit diesem Buch etwas Sinnstiftendes für Tiere tun – und somit auch für ihre Menschen, die oftmals sogar ihre persönlichen Seelengefährten und -gefährtinnen über ein Leben hinweg sind.

*"And beyond that, many also recognize, that we have a spiritual connection with them. An exchange of love, the philosophy taught by me, goes even further. I hope to facilitate an awareness that the animals who share our lives are among our closest friends and have often been with us through many lifetimes in other incarnations, and that as our lifelong friends, they have access to parts of our subconscious that we ourselves are often too technical to tune in." *[1]*

„Und darüber hinaus bemerken viele ebenso, dass wir eine Verbindung auf spiritueller Ebene mit den Tieren haben. Ein Austausch an Liebe, die Philosophie, die ich weitergebe, geht sogar weiter. Ich hoffe, dazu beizutragen, ein Bewusstsein dafür zu entwickeln, dass die Tiere, die ihr Leben mit uns teilen, unter unseren engsten Freunden sind und schon häufiger in mehreren Vorleben (Inkarnationen) bei uns waren, und dass sie als unsere lebenslangen Freunde Zugang zu unserem Unterbewusstsein haben. Wir hingegen sind oft zu technisch (Anmerkung: im Sinne von verstandesorientiert), um den Zugang selbst zu bekommen.

Madeleine Walker

In einem Zoom-Termin, den ich im ersten Quartal 2025 mit Madeleine hatte, kommunizierten wir mit meiner verstorbenen Hündin Jaly.

Sie sagte zu mir, respektive auf Englisch zu Madeleine als Botschaft für mich und allgemein gültig:

"It´s all about devine timing. All your animals joined you in the right time on your path in your life."

„Es geht immer um das göttliche Timing (im Sinne von vorgesehen). All deine Tiere sind zum richtigen Zeitpunkt auf dem Weg deines Lebens zu dir gekommen."

Madeleine wusste von unserem Buch, da wir sie um ihr Vorwort gebeten hatten und sagte spontan an der Stelle des Gespräches:
„There is so much energy interwoven, not just the words. It´s really gonna changing the lifes of much people. The animals are our wise teachers." *2

„Da ist so viel Energie eingewebt, nicht nur die Worte. Es wird das Leben vieler Menschen verändern. Die Tiere sind unsere weisen Lehrer."

Der Zugang zur spirituellen Welt und unserem Unterbewusstsein ist eine besondere Verbindung. Nicht für die Tiere, für sie ist es selbstverständlich, jedoch oftmals für die Menschen. Wir beide haben eine ehrenvolle Aufgabe mit diesem Buch, die viel Hingabe, Vertrauen, Empathie und Wertschätzung für die Tiere bedeutet. Die energetische und telepathische Verbindung sowie die spirituelle Ebene kommen in den Gesprächen dazu.

Im Alter von zwölf Jahren kommunizierte ich (Alexandra) mit Tieren und empfand das als normal. Mein Umfeld jedoch nicht. Es ist in mir, als meine Mission und Teil des Seelenauftrages, angelegt. Eine qualifizierte Ausbildung, die ich bei Sybille Lüthi (Institut Seelenkraft) in der Schweiz absolvierte, gehört zu dem

Anspruch, den ich an mich selbst habe, um die Tierkommunikation professionell auszuüben. Zudem bin ich ausgebildete Energetikerin, um beispielsweise bei zutage tretenden Traumata oder mangelnder Erdung und anderen Themen mit den Tieren heilend weiter arbeiten zu können. Das empfinde ich als sehr große Verantwortung.

Ich (Sabine) kenne Tierkommunikation seit einigen Jahren. Als Neo einen beginnenden Tumor hatte, entdeckte ich, geführt von der geistigen Welt, die Möglichkeit der Tierkommunikation.
Über eines ihrer Bücher lernte ich Madeleine Walker, eine international renommierte Tierkommunikatorin, kennen. Unsere Gespräche zu dritt waren der Schlüssel für die mögliche Heilung in Bezug auf sein Anliegen, eine Krankheit stellvertretend zu übernehmen, bevor sich bei mir ein Tumor im Gehirn gebildet hätte.
So begann es und ich war willens, selbst einmal mit meinem Hund sprechen zu können.

Mit der Motivation habe ich eine online Ausbildung bei Beate Seebauer zur Tierkommunikatorin gemacht. Diese dauerte 1 Jahr und beinhaltete auch Energiearbeit für Tiere. Ich sehe die Tiere bisher nicht vor meinem inneren Auge, und Bilder bekomme ich von ihnen noch nicht gesendet, respektive sehe die noch nicht. Dass mir meine Tiere, ohne, dass ich die Verbindung vorab bewusst aufbaue, immer zuhören und mich auch so

verstehen, wurde mir durch Alexandra und Hermès bestätigt, nachdem ich mit meinem Pferd an einem Abend, mit Bezug auf ein Gespräch zwischen ihm und Alexandra, etwas Wichtiges sagte. Ich bestätigte ihm, dass er das, was er ab und zu für andere tat, indem er denen belastende Themen abnahm, nicht mehr tun muss.
„Er sei doch kein Eimer." Mülleimer meinte er wohl.
Ich sagte ihm in der Box, dass er kein Eimer für andere sei und es schon gar nicht sein muss.
Dazu kündigte ich an, dass Alexandra ihm dabei helfen wird, diese Themenübernahmen wieder rückgängig zu machen.
Alexandra kontaktierte mein Pferd am Tag darauf und Hermès sagte ihr, dass er von mir schon wisse, dass sie sich bei ihm wieder melden werde.
Mein Pferd verstand meine Worte am Vorabend genau.
Bei dem Ritual zur Rückgabe der Themen in die Eigenverantwortung der Tiere und Personen sagte Hermès:
„Dass Richtiges so viel Spaß machen kann."
Ich freute mich sehr, da es ihn erleichtert hatte, die belastenden Themen los zu sein.

Dieses Beispiel zeigt, dass gezielt praktizierte Tierkommunikation einen wertvollen Beitrag leisten kann, dass es Tieren emotional und auf energetischer Ebene gut, respektive besser geht. Wir Menschen kommunizieren immer mit unseren Tieren, wie im Gespräch unter Menschen.

Sie nehmen so viel wahr und hören feinste Nuancen der Stimmlage heraus. Pferde spüren unseren Herzschlag aus weiter Distanz und können vor allem Stimmungen sehr feinfühlig erfassen. Sie nehmen jede Schwingung wahr, positive wie negative Gefühle oder Haltungen, z. B. Freude, Liebe oder Aggression, Angst und andere Gefühlslagen.

Bemerkenswert und zugleich amüsant ist, dass Tiere sogar Redewendungen von uns Menschen und lustige Ausdrücke verwenden, wie, *‚das könnt ihr euch hinter die Ohren schreiben‘* (Neo) und *‚das könnt ihr euch hinter die Öhrchen schreiben‘* (Jaly) oder *‚ich bin der Schussel der Truppe‘*, so bezeichnete sich eine Hündin einer Klientin.
Anzumerken ist, dass ich (Sabine), die Redewendung, ‚sich etwas hinter die Ohren zu schreiben‘, selbst gar nicht benutze.

Mit Tieren zu sprechen, öffnet neue Horizonte, intensiviert unsere Beziehung zu ihnen, bietet tiefere Erkenntnisse über Zusammenhänge und schafft sogar die Basis für tiefgehende Seelenheilung für die Tiere und ihre Menschen.
Tierkommunikation ermöglicht vor allem auch Erkenntnisse über uns selbst. Die Gespräche mit Tieren, in denen ich (Alexandra) zuhöre, sind oftmals ein Ausdruck von großer Liebe, Respekt und Empathie für ihre Menschen und deren Leben. Tiere und ihre Menschen

verbindet meist ein unsichtbares und sehr kraftvolles – oft auch unendlich haltendes – Seelenband.
Der bedingungslosen Liebe, die Tiere ihren Menschen schenken, ist Kapitel 4 gewidmet.
Ein Geschenk, wenn wir diese Beziehungsqualität erleben dürfen.

The embodyment of unconditional love – Die Worte einer außergewöhnlichen Frau und Persönlichkeit, Tina Turner, zu bedingungsloser Liebe:

"In the beginning we all depend on attention and affection of our mother and of other caring people. Without loving care we cannot survive. Without loving action we miss the meaning of live. This position towards love and compassion is a part of our biology and how we develop. Believing after all I have lived love is in me and will never leave me." [*3]

„Am Anfang waren wir alle von der Aufmerksamkeit und Anziehung unserer Mutter und den anderen Menschen abhängig, die sich um uns kümmerten. Ohne fürsorgliche Liebe konnten wir nicht überleben. Ohne liebende Aktivitäten versäumen wir die Bedeutung des Lebens. Diese Position, gegenüber Liebe und Mitgefühl, ist Bestandteil unserer Biologie und der Art und Weise, wie wir uns entwickeln. Der Glaube, nach allem, was ich erlebt habe, ist in mir und wird mich nie verlassen ..."

Tina Turner

Unsere Intention ist es, aus Sicht der Tiere den Blick auf ihren Menschen, die Bezugspersonen und die Menschheit allgemein, zu transportieren. Wir verstehen uns als Dolmetscher, Botschafterinnen und in manchen Fällen auch als Mediator zwischen den Tieren und Menschen.

„Wir sind ein Sprachrohr, mehr nicht.“

Alexandra Höchstetter

Es steht außer Frage, dass ein Thema wie dieses – mit Tieren zu sprechen – Zweifler bis Kritiker auf den Plan ruft. Wir beide stellen uns den Reaktionen, denn es wird auf der anderen Seite genügend Menschen geben, die dieses Buch lesen (sollen und wollen), damit sie Offenheit entwickeln können und ihren Tieren viel mehr zutrauen.
Mit Souveränität, Authentizität und Mut, zu dem zu stehen, wie wir sind, was wir tun und für die Tiere einzustehen, ist Teil unserer beider Lebensaufgabe.
Erfreulich ist, dass wir im Laufe des Schreibens dieses Buches auf Menschen trafen, die offen dafür sind und sich vorstellen können, dass es möglich ist, mit einem Tier zu sprechen. Dabei geht es um Bekanntschaften im täglichen Leben.
Wir treffen auf Menschen, mit Hunden und Pferden in der Regel, durch unser Umfeld.
Erzählen diese von Verhaltensauffälligkeiten ihrer Tiere und ich (Sabine) erzähle ihnen, es gibt einen Weg, dem Tier und Mensch(en) zugleich zu helfen, indem ich empfehle, Alexandra Höchstetter mit dem Tier sprechen zu lassen. Verständnis für das Tier, Erkennen seiner Probleme und Ursachen für Bellen, Angst und andere Ausprägungen hilft beiden Seiten.

Wir wissen es sehr zu schätzen, dass Madeleine Walker uns die Ehre gibt, mit ihrer jahrelangen profunden Erfahrung in der Tierkommunikation ein persönliches Vorwort zu diesem Buch beizutragen.

Darüber hinaus integrierten wir ihr Wissen und praktische Erfahrungen in ihrer jahrelangen Tätigkeit als Tierkommunikatorin mit einem Interview in dieses Buch.

Wir wünschen Ihnen, respektive Dir, viel Freude und spannende Erkenntnisse beim Lesen dieses besonderen Buches.

Alexandra Höchstetter — Sabine Zimmermann

Anmerkungen für die Leser und Leserinnen:
Wir verzichten bewusst auf den nächsten Seiten oftmals auf Gendering und sprechen dennoch alle Menschen an. Tierkommunikation und Tierkommunikatorinnen wird auch mit TK als Abkürzung benutzt.

Kapitel 1

Über die Tierkommunikation mit Tieren

Tierkommunikation ist so viel mehr, als ständig mit seinem Tier als Einwegkommunikation zu sprechen. Ja, das tun wir Menschen, und die Tiere verstehen sehr viel und reagieren darauf.
Die Tierkommunikation, die wir hier thematisieren, geht weit darüber hinaus.

Es ist ein Zwiegespräch mit konkreten Antworten und Aussagen von Tieren. Tiere jedweder Gattung sind unglaubliche Lehrmeister, wenn wir Menschen – auch über Tierkommunikatorinnen – den Kommunikationsweg auf spiritueller Ebene zu ihnen finden.

1.1
Tierkommunikation als Dolmetscher und Bote für die Anliegen der Tiere

Uns beiden ist aus Erfahrung klar, dass wir hier, indem wir den Tieren unsere Stimme geben, ein Terrain betreten, das bei einem großen Anteil der Menschheit auf Erstaunen über Skepsis, bis hin zu Ablehnung trifft. Es übersteigt die Vorstellungskraft vieler Menschen – und leider auch die Akzeptanz dessen, was real in deren Vorstellungswelt und -vermögen sein darf.
Wir ignorieren das und wertschätzen Tiere als gleichberechtigte Lebewesen mit einer Seele, die mit uns sprechen können und es wollen.
Sie haben den Wunsch, ihre Weisheit und das, was sie bewegt, mit uns Menschen zu teilen.
Tierkommunikatorinnen agieren dabei wie Dolmetscher dieses Wissens und der persönlichen Inhalte.
Diese uns von den Tieren geschenkte Rolle und zugleich verantwortungsvolle Aufgabe bedeutet und erfordert Neutralität und Demut.
Tierkommunikatorinnen müssen unvoreingenommen den Tieren, mit denen sie sprechen, gegenübertreten. Das Einbringen eigener Emotionen und Interpretationen ist hierbei nicht dienlich. Das verändert den originären Inhalt.

Ich (Alexandra) empfinde es sogar als übergriffig. Es geht mir einzig und allein darum, neutrale Zuhörerin und Übermittlerin dessen zu sein, was die Tiere sagen. Ihre Anliegen stehen im Vordergrund.
Eine liebevolle, ausgewogene und intelligente Fragetechnik, genaues Zuhören und Empathie, sind für mich die wichtigsten Voraussetzungen.

1.2

Wie funktioniert Tierkommunikation in der Praxis?

Funktionieren, das hört sich irgendwie technisch an. Auf Schritt 1 folgt Schritt 2 und so weiter, oder wie eine Gebrauchsanleitung für ein Gerät, damit es funktioniert. Dennoch geht es für die Menschen, die diese bereichernde Erfahrung in ihrem Leben bisher nicht gemacht haben, genau um diese Frage, wenn sie sich der Tatsache geöffnet haben, dass es möglich ist: Wie funktioniert das?

Ein Pferd fragte mich (Sabine) erstaunt, als ich mich mit ihm verbunden hatte und es ansprach: *„Du möchtest mit mir sprechen, woher kannst du das?“*

Auch das kommt vor, dass sich ein Tier darüber wundert. Darauf folgte unsere Unterhaltung.
Das Gespräch enthielt eine sehr persönliche Botschaft für die Besitzerin. Beide hatten lange für einen Reit-Wettbewerb trainiert und bekamen keinen Preis, was eigentlich nicht fair war (vermutlich, weil es kein Lusitano war und etwas übergewichtig).
Die Reiterin war sehr enttäuscht. Ich fühlte mit ihr und bot an, mit ihrem Pferd zu sprechen, weil er sie so lange weinend erlebt hatte. Der Norweger sagte souverän und klar, es sei ihm egal, was die anderen über sie zwei gedacht haben.

Sie beide haben als Team gemeinsam in der Zeit so viel erreicht, und er liebe sie sehr. Das war seine tröstende und souveräne Botschaft.
Alles ist mit allem verbunden. Das ‚funktioniert' über Energie und energetische Verbindungen, die sich präsent in dem Moment aufbauen.
Die Gesprächspartner finden auch über große räumliche Distanz zueinander. Die Tiere wissen das, erfahren von den Vorhaben oder spüren sogar den Auftrag ihrer Besitzer und Besitzerinnen, dass mit ihnen gesprochen werden soll. Das gilt ebenso für verstorbene Tiere.

Denise Schmidke, die ich (Sabine) beauftragt hatte, mit meiner Hündin, Jaly, zu sprechen, schrieb in einem Protokoll: *„Jaly war, wie ich bereits erwähnt hatte, schon eine Zeit lang vorher da, ich hatte sogar das Gefühl, dass sie beim Putzen schon hinter mir hergelaufen ist und mir mitgeteilt hat, dass sie sich auf unser Gespräch freut. Auch, als ich hier bereits vor dem Computer saß, kamen schon Informationen.*

Ich musste noch einmal aufstehen wegen des Ladekabels, und ich hoffe, ich bekomme jetzt noch zusammen, was sie bereits sagte. Jetzt kommt gerade von ihr: „Ich sage es gerne noch einmal, wenn du bereit bist."

Die Verbindung entsteht auf energetische Weise oder auch auf telepathischer Ebene. Tiere wissen meistens, dass ein Gespräch mit ihnen ansteht und bereiten sich vor oder nehmen sogar selbst den Kontakt zu der Tierkommunikatorin vor dem Termin auf.

Mein Hund, Neo, besuchte Madeleine Walker, die auch verstorbene Tiere sehen kann, bei ihrem Spaziergang mit ihrem Hund in einem Park in England, wo sie wohnt, und teilte ihr etwas Wichtiges für mich mit. Es ging um ein Ereignis, das mit meinem Bruder zu tun hatte und vor dem Neo mich wie ein Schutzschild abschirmte, soweit das möglich war. Es raubte ihm viel physische Kraft und Lebensenergie. Ich konnte es nicht verhindern.
(Zur Erläuterung: Negative Gedanken anderer Menschen und Wut sind Energien, die Personen erreichen, ohne deren physische Anwesenheit.)
Das sei auf Seelenebene zwischen den beiden so vereinbart gewesen, ich müsse mir keine Vorwürfe machen, sagte Neo zu Madeleine. Unser Zoom-Termin war erst am Nachmittag und Madeleine übermittelte mir das. Neo wusste, dass ich ihn zu diesem Geschehen von Madeleine befragen lassen wollte, ich hatte ihr meine Fragen vorab geschickt.

Zurück zu dem Gespräch zwischen Denise und Jaly:
Denise: *„Hallo Jaly, schön, dass wir nach so langer Zeit mal wieder das Vergnügen haben, uns auszutauschen. Ich freue mich sehr und danke dir, dass du gleich so präsent warst."*

Jaly: *„Mir war bereits bewusst, dass dieses Gespräch stattfinden wird, und ich freue mich, dass du hier und so empfänglich für mich bist."*

Hier haben wir das entscheidende Wort, ‚empfänglich' zu sein. **It's all about energy!**

TKs sind vergleichbar mit einer Art Empfangseinheit, die für eine bestimmte Frequenz eingestellt wird, um etwas vom Sender zu empfangen. Bei der TK geschieht das über die Vorbereitung beispielsweise durch Meditation, bewusste Herzöffnung, Anbindung an die geistige Welt und Verbindung mit dem Tier.

Jaly: *„Ich weiß, dass du wissen möchtest, wieso du so leicht Kontakt zu uns bekommst. Ich würde es dir gerne beantworten. Es ist so, dass wir alle, die da sind oder waren, was ganz Spezielles an uns haben. Wir sind klarer, sichtbarer und deswegen ist der Kontakt leichter."*

(Anmerkung: Die Sichtbarkeit bezieht sich auf die energetische und geistige Ebene, so der Zugang des Menschen, d. h. die Verbindung ist in dem Moment da. Zu Beginn einer Tierkommunikation können die verstorbenen Tiere nach einem für ihren Menschen eindeutigen Merkmal befragt werden, um sicherzustellen, dass es das richtige Tier ist und dessen Seele. Das kann ein Spitz- oder Kosename sein, eine typische Aktivität des Tieres oder ein charakteristisches Merkmal des Menschen, wobei dieser dann selbst weiß, das muss von seinem Tier als Information kommen.)

Die Verbindung zu den Tieren wird zu Beginn der Tierkommunikation individuell aufgebaut.
Ein Foto des Tieres unterstützt dabei. Dazu hat jede TK ihre eigene Vorgehensweise und Begabung, das betrifft die Sinne, die individuell ausgeprägt sind.
Gut ausgebildete Tierkommunikatorinnen empfangen die Botschaften der Tiere über verschiedene Kanäle. Bei den hier relevanten Sinnen gilt es zwischen Hellfühlen, Hellsehen, Hellhören und Hellwissen zu unterscheiden. Während das Hellwissen nicht dem einzelnen Tier zuzuordnen ist, sondern auf das universelle Wissen zugreift, haben die Tiere bevorzugte Kanäle, auf denen sie mit uns Menschen kommunizieren.
Ein Tier kann mir (Alexandra) Bilder, Worte, Sätze, Geschmäcker, Schmerzen und Gefühle übermitteln.
Einst sprach ich mit einem Hund, der in seinem aktuellen Leben viele Misshandlungen zu ertragen hatte, und es war ihm schier unmöglich, mir davon zu berichten. Er konnte mir jedoch Bilder und kurze Filmchen über das Erlittene schicken und so von seinen Leiden berichten.
Eine Tierkommunikatorin hat die Möglichkeit auf ihr eigenes spirituelles Team zuzugreifen, wenn sie sich dessen Existenz gewahr ist und die Verbindung zu ihrem geistigen Team nutzt und pflegt.

Mein (Alexandra) spirituelles Team wird seit jeher von Bo angeführt, meinem verehrten Quarter Horse, der mir schon diverse Botschaften der Tiere nahegebracht und erklärt hat. Auch andere Mitglieder meines Teams bereichern durch ihr Wissen und ihre Weisheit meine Gespräche mit Tieren. Meine Tiere kommen auch autark und unerwartet auf mich zu und sprechen mich an, wenn ihnen etwas wichtig ist.

1.3

Verschiedene Gesprächsebenen bei der Kommunikation

Es ist zum besseren Verständnis für die Leserschaft relevant, die verschiedenen Ebenen kurz zu erläutern. Tiere haben genauso wie wir einen physischen Körper und eine Seele, ihre geistige Ebene. Damit ist nicht der Verstand gemeint, sondern das ‚Höhere Selbst', auch das ‚Ewige Ich' genannt, es geht um die unsterbliche Seele. Ich (Alexandra) kontaktiere die Tiere, mit denen ich sprechen möchte, auf zwei verschiedenen Ebenen.

Die eine – in der Tierkommunikation meist genutzt – ist die irdische Ebene, das Tier in seinem physischen Körper. Auf dieser Ebene sprechen wir Themen an und beschäftigen uns mit Anliegen, die das Leben im Hier und Jetzt betreffen.

Auf der zweiten Ebene, dem Höheren Selbst, erreiche ich die ewige Seele, die unsterblich ist und alle Lebewesen durch alle Leben und Inkarnationen begleitet.

Auf diese unendlichen Seelenverbindungen gehen wir im nächsten Kapitel ein. Das gilt auch für uns Menschen, nur sind wir Menschen uns dessen meistens nicht bewusst. Im Gegensatz zu den Tieren verlieren wir uns im Alltag und dabei die Verbindung zu unseren ewigen ICH. Das ist zutiefst verständlich, aufgrund der

Anforderungen, die der Alltag und das Leben an uns stellen.
Gelingt es uns, zu erkennen, dass wir viel mehr sind als der physische Körper, in dem wir im Hier und Jetzt leben, haben wir die Möglichkeit, die Verbindung zu unserem Höheren Selbst zu erfahren und zu leben.

Während der Arbeit an unserem Buch haben wir begriffen – und dafür sind wir unendlich dankbar – dass die Tiere, die uns begleiten, dazu imstande sind, diese Verbindung im Hier und Jetzt durchweg zu leben. Nicht mit dem Höheren Selbst verbunden zu sein, und wie wir Menschen zumeist in Unbewusstheit zu leben, kennen die Tiere nicht.
Vor allem das Höhere Selbst der Tiere beschert uns große Weisheit und zahlreiche Botschaften, die uns in eine weitergehende Wahrnehmung leiten können.
Viele Tiere sind alte weise Seelen, die schon oft inkarniert sind. Sie sehen alles Leben wertfrei, kennen ihre Aufgaben, leben oft bedingungslose Liebe und geben sie an uns weiter, sobald wir offen dafür sind. Sie bereichern unser Leben durch ihre Weisheit und Hingabe an das Leben.
Ich möchte anhand eines Beispiels meiner eigenen Pferde den Unterschied der beiden Ebenen aufzeigen.

Seit 31 Jahren lebt Quarter Horse Lucky bei uns. Im Sommer 2024 verstarb seine Koppelgefährtin, mit der er 18 Jahre jeden einzelnen Tag in unserer Herde verbracht hatte.

Als sich die Stute zum letzten Mal auf der Koppel niederlegte, wurde sie umringt von der Herde. Dort schläferten wir sie schließlich im Beisein ihres Besitzers und ihrer Herde ein.
Wir konnten sie mehrere Stunden dort liegen lassen, sodass meine Pferde Gelegenheit hatten, sich zu verabschieden. Sie umringten die Stute für einige Stunden und hielten Totenwache, wie man es von freilebenden Herden kennt.

Lucky trauerte sehr in den folgenden Tagen. Ich kontaktierte ihn mehrmals, um zu hören und zu fühlen, wie es ihm geht. Er sagte immer wieder dieselben zwei Worte: *„Sie fehlt!“*
Er trauerte ...

Nach mehreren Tagen besserte sich sein Zustand und er begann wieder am Leben teilzunehmen.

Als ich sein Höheres Selbst nach gut einer Woche kontaktierte, sprach er mit mir über Trauer und die natürliche Akzeptanz des Sterbens, abgeklärt und weise. Ich spürte die große Weisheit in seinen Worten und fragte ihn, warum er über den Tod seiner Partnerin im Hier und Jetzt so untröstlich gewesen sei, obwohl er den Tod und den Wechsel der Dimension in unserem Gespräch so sachlich und emotionslos beschrieben habe.

Lucky erklärte mir die differenzierte Bedeutung vom Wissen um den Übergang und der Emotion Trauer:

„Weißt du, unsere ewige Seele kennt den Abschied vom irdischen Leben und weiß, dass eine Seele nie verloren geht und wir verbunden bleiben. So wie wir uns auch mehrmals wiedertreffen können. Wenn ich aber im Hier und Jetzt ein Wesen verliere, das in diesem Leben zu mir gehört, trauere ich, wie ihr alle auch trauert. Es dauert vielleicht nicht so lange wie bei euch, weil wir mehr miteinander verbunden sind. Den Schmerz fühle ich genauso wie ihr. Könnte ich in dieser Situation keinen unendlichen Schmerz fühlen, könnte ich keine Bindung aufbauen."

Ich sprach also abwechselnd mal mit seinem Höheren Selbst und mal mit seiner irdischen Ebene. Beide sind präsent und beide vereinen sich in diesem Pferd und haben jeweils ihren Anteil an allem. Je nach dem, was wir wissen oder lernen möchten, sollten wir entweder die eine oder die andere Ebene kontaktieren.

Die Botschaften, die uns die Tiere für dieses Buch weitergegeben haben, stammen auch vom jeweiligen Höheren Selbst der Tiere, von deren unendlicher Seele. Dort sind alle Weisheiten, alles Wissen und alle Botschaften vereint. Das Höhere Selbst fungiert wie ein neutraler Beobachter des Lebens, alle Informationen fließen hier wertfrei zusammen und sind in diesem Speicher für die Ewigkeit bewahrt.

„Die Sicht des Höheren Selbst ist die Sicht der Weisheit“, so drückt es Frau Dr. Petra Schneider aus, die in dem Kapitel über die Seele der Tiere in unserem Buch eingebunden ist. Es erklärt, warum unsere Tiere diese profunde Weisheit haben und danach leben. Sie wundern sich zum Beispiel, warum wir Menschen uns oftmals das Leben selbst schwer machen, der Negativität viel Raum geben, anstelle einer positiven Lebenseinstellung und mehr Bewusstheit, auch Achtsamkeit für unser Erleben.
Als wir uns über die so beeindruckende Weisheit der Tiere bewusster wurden, begann ich (Alexandra) gezielt einige von ihnen nach ihrer Einschätzung zu uns Menschen allgemein zu befragen. Ich sprach mit meinem Pferd Bo:

Alexandra: „Bo, wie seht ihr uns Menschen?

Bo: (antwortet sofort) *„Als gehetzte, dauerhaft gestresste Menschen, die den Blick fürs Wesentliche verloren haben. So sehen wir euch. Aber das wisst ihr ja selber, dass ihr so seid.“*

Alexandra: „Glaubst du, dass wir das sehen und wissen?“

Bo: *„Na ja, ihr seid ja nicht doof* *(schüttelt den Kopf ein wenig unwillig). Aber ihr entscheidet euch jeden Tag erneut wieder dafür, also gehe ich davon aus, dass ihr das wisst und so haben wollt. Sonst würdet ihr es ja nicht machen, oder?“*

Alexandra: „Puh, ich weiß nicht, ob uns das wirklich so bewusst ist, wie du meinst."

Bo: *„Willst du damit sagen, ihr macht das und macht das einfach nur so, weil euch nichts Besseres einfällt? (er schaut mich fassungslos an) Ihr habt also kein Bewusstsein für das, was ihr macht? Wie soll das denn gehen?"*

Dieser Auszug aus dem Gespräch mit Bo ist beispielhaft dafür, wie klar uns Tiere wahrnehmen und auch das Verhalten der Menschen einordnen. Sein Unverständnis ist hier deutlich. Ein tiefes präsentes Bewusstsein, das Annehmen, was ist, so wie die Umstände und ihr Leben im Hier und Jetzt als auch das Loslassen sind für Tiere meistens selbstverständlicher. Das betrifft auch Grenzsituationen wie Krankheiten, Trennungen und den Tod.
Tiere wissen um den Lebenszyklus von Geburt, Tod und auch die Wiedergeburt in einem anderen Körperwesen. Sie nehmen Krankheiten und körperliche Beschwerden an, kämpfen nicht mental dagegen. Sie sehen oftmals auch einen tieferen Sinn dahinter, warum das so ist.

Kapitel 2

Die unendliche Seelenverbindung zwischen den Tieren und ihren Menschen

In vorausgehenden Kapitel 1.3 ging es um die verschiedenen Gesprächsebenen, das Sein in der realen Welt und um die Seelenebene der Tiere. In diesem 2. Kapitel, das wir der Seelenverbindung zwischen den Tieren und den Menschen widmen, steht die Seele im Mittelpunkt.
Dieses besondere Kapitel schreiben wir mit großer Demut und Respekt vor den Tieren und mit Dankbarkeit, dass wir diese Qualität der unendlichen Seelenverbindung mit unseren eigenen Tieren erleben können und dürfen.

Keanu Reeves ist ein Mann, der sich zu seiner Tierliebe und seiner Wertschätzung bekennt:

"Good people are those who love animals. Animals are special beings and those who have been lucky enough to experience a connection with them know it very well. Animal nobility is a true teaching. Thanks to them we are more humble, empathic, loving people. This gives us love unconditionally, without asking for anything in return, doing us good." *4

„Gute Menschen sind diejenigen, die Tiere lieben. Tiere sind besondere Wesen und diejenigen, denen das Glück zuteilwurde, eine Verbindung mit ihnen zu erfahren,

wissen das sehr gut. Die Noblesse der Tiere ist eine wahre Lehre. Dank ihnen sind wir freundliche, empathische und liebende Menschen. Das gibt uns die ***bedingungslose Liebe****, ohne etwas im Gegenzug zu erwarten und das tut uns gut.“*

Neo kam in mein (Sabine) Leben, um mich bedingungslose Liebe zu lehren.

2.1

Die Seelenverbindung zwischen Tieren und ihren Menschen

Wir beide haben in unseren Leben individuelle Erfahrungen gemacht und Wissen zu dem Bereich ‚Seele' im Laufe der Lebenszeit generiert.
Die Erklärung der Seele aus Sicht der Tiere ist sehr aufschlussreich und durchaus auch philosophischer Natur. Die Seelen- und Herzensverbindung bleibt bestehen, auch wenn unsere Tiere uns verlassen haben.

Gebt uns eure Stimme – bestätigt Jaly, meine (Sabine) verstorbene Hündin, indem sie Denise Schmidke sagte: *„Es ist für mich immer besonders toll, wenn ich über dich mit Sabine in Kontakt treten kann. Ich muss sagen, das hat mir gefehlt. Ihre Ansätze zur Tierkommunikation sind da und ich freue mich immer, wenn wir für einen Moment im innigen Kontakt sind. Das lässt mein Herz höherschlagen."*

Mein Neo ließ mir nach seinem Übergang ins Regenbogenland eine Herzensbotschaft zu unserer Seelenverbindung ausrichten: *„Es sind nun schon ein paar Monate vergangen, seit ich die Regenbogenbrücke überquert habe und du, mein Herz, bist immer noch so traurig. Das tut mir weh, denn ich habe nur meine Form verändert. Ich bin genauso bei dir wie vorher.*

Wir werden uns immer begleiten, mal du mich, mal ich dich. Du brauchst wegen mir nicht so traurig zu sein. Ich bin stets an deiner Seite. Wenn du Herzschmerz hast, sprich einfach mit mir, auch wenn du mich nicht sehen kannst, ich bin trotzdem da. Liebe Sabine, wenn es dir hilft, werde ich dir ein Zeichen geben, dass ich da bin. Du wirst mich hören oder fühlen, vielleicht sogar riechen. Das soll dir helfen, deine tiefe Trauer zu überwinden. Mir geht es fantastisch, denk immer daran. Hol dir, wenn du das Bedürfnis hast, Hilfe, um über die tiefe Trauer hinwegzukommen, die hat übrigens nicht nur mit mir zu tun (seinen Tod gemeint). *Du kannst jederzeit mit mir sprechen, ich freue mich darauf. Du bist das Beste, was mir für mein Leben auf der Erde passieren konnte. Wir werden immer verbunden sein."*

Dieses Gespräch, das Caroline, eine Freundin und Tierkommunikatorin, mit ihm führte, gibt einen Eindruck über sein Wissen um meine Seele, der Hinweis, meine Traurigkeit habe nicht nur mit ihm zu tun, wieder. Ich kam damals nicht darauf, auf was Neo diese wichtige persönliche Botschaft bezog, ein Verlust oder ein Erlebnis. Heute weiß ich, dass es auf der Seelenebene karmische Themen und Traumata gibt. Sein Tod und der schwer empfundene Verlust für mich haben einen Schmerzkörper, wie Eckard Tölle es bezeichnet, in meiner Seele aktiviert.

Verdrängte Trauer kam hinzu. Mir selbst war das nicht bewusst gewesen. Dieses persönliche Beispiel deutet an, wie gut unsere eigenen Tiere uns kennen. Neo war in der Lage, das wahrzunehmen, den größeren Zusammenhang zu sehen. Schön und passend war auch sein Ratschlag für meine Lebensführung, ich solle mal aus meinen Paradigmen ausbrechen und etwas Verrücktes machen. Danke an dich, Neo, dass mich das Übernehmen der pragmatischen Empfehlung in unser Buch noch einmal darauf aufmerksam macht. Da ist immer noch viel Luft nach oben.

Unsere Tierbegleiter erfreuen sich an unserer Persönlichkeitsentwicklung, so sagte Neo, zu Madeleine Walker einmal über mich:
"I love the new spurt of confidence, which she has now. This makes my heart singing."

„Ich liebe diese neue Dimension (im übertragenen Sinn für spurt) in Bezug auf Vertrauen, die sie jetzt zeigt. Das lässt mein Herz singen."

Beim Schreiben dieses Satzes von ihm und der Erinnerung kommen mir die Tränen. Sehr emotional, er war und ist mein ‚Spiritual Teacher' und ‚Orchestrator' meines Lebens seit 2003, als er als Welpe zu mir kam. It's about Soulfamily.

Madeleine sagt mir, wenn sie Tierkommunikationen macht, *„words are falling down from the sky."*
Es geht um Begriffe individueller Art für die Beziehung zu ihren Menschen, die das Universum ihr schickt, die wie vom Himmel fallen, im Sinne von aus der geistigen

Welt zu ihr kommen in dem Moment. Das habe ich erst durch die Tierkommunikation erkannt, welch entscheidende Rolle und Aufgabe mein Hund Neo in meinem Leben, über seinen Tod hinaus, hat. In schwierigen Zeiten hat er mich durch emotionale Krisen getragen, allein durch seine Gesellschaft und sein Wesen.
Er hat mir sicher auch viel abgenommen und energetisch ausgeglichen. Die tiefe Seelenverbindung bleibt bei den Tieren, die wir lieben, auf ewig bestehen.

Auch meine Hündin Jaly, im Spirit, sagte zu Denise Schmidke über unsere nie endende Herzverbindung:

„Sie ist mein Stern am Himmel, mein Heim auf ewig."

Jaly kam im Jahr 2023 aus dem Tierschutz über den Verein Vergessene Pfoten e. V. zu mir und wir hatten nur fünf gemeinsame Monate, da sie einen Knochentumor hatte. Eine alte weise Seele, die nach viel Leiden – körperlich und seelisch – in den ersten 5 Jahren von mir ging, da ihre Zeit gekommen war und der Tumor seinen Tribut forderte. Das nahm sie tapfer an, wobei ihre Seele einige Stunden in meiner Nähe blieb, da sie so gerne länger gelebt hätte, um bei mir zu bleiben. Ich war in den letzten Stunden bei ihr, hielt sie in meinen Armen, bis sie gehen konnte. Ihre Seele war erfüllt, weil sie von mir in den gemeinsamen fünf Monaten bis zur letzten Minute geliebt wurde. Das sagte sie mir über ein Channeling, d. h. einer weiteren Person, bei ihrem Übergang, am Morgen nach ihrem physischen Tod.

Meine (Alexandra) Krise im Zusammenhang mit einer schweren Krankheitsdiagnose, führte mich auf die Koppel zu meinen Pferden, ihre Nähe und Trost suchend. Bo hatte eine Botschaft für mich, die in meiner Haltung viel veränderte.
Anfang 2023 bekam ich völlig überraschend die Diagnose Gebärmutterkrebs. Ich, gerade mal Mitte 50, eigentlich gesund und sportlich, alleinstehend, mein jüngster Sohn erst 16, die beiden Älteren zwar schon Mitte 20, aber noch nicht wirklich gesettelt, und ..., ich habe doch noch so viel vor ..., das und noch viel mehr kreiste in meinem Kopf, zog mir schier den Boden unter den Füßen weg.
Ich durchlebte Momente von Angst, die ich mir nie habe vorstellen können. Einen Tag vor der schnell anberaumten Operation war ich zu einem letzten Check im

Klinikum. Auf dem Rückweg nach Hause übermannte mich die völlige Verzweiflung.

Der Stall, in dem meine Pferde stehen, befindet sich auf der Strecke zwischen meinem Zuhause und der Klinik. Ich bog ab, denn vor lauter Tränen sah ich eh kaum mehr irgendwas auf der Straße und ging zu meinen Pferden auf die Koppel. Sie standen in einer kleinen Herde. Sie kamen auf mich zu, als ich weinend in die Koppel ging. Bo, mit 15 Jahren mein jüngstes Pferd, mein spiritueller Begleiter und Kopf meines spirituellen Teams, kam als Erster auf mich zu. Ich lehnte mich an ihn und ließ meinen Tränen und meiner Verzweiflung freien Lauf.

Die anderen Pferde kamen ebenfalls herbei und stellten sich um uns herum, wie eine Wagenburg, sie bildeten einen Kreis um uns. So fühlte ich mich geborgen und sicher und konnte mich fallenlassen.
Nach einiger Zeit ging Bo plötzlich weg von mir, ganz langsam, und stellte sich frontal mit Blick zu mir etwa zwei Meter vor mich. Er sah mich an, freundlich, liebevoll und sehr ruhig, die anderen Pferde blieben auf ihren Posten. Ich war verwirrt, wollte ich mich doch von ihm trösten lassen, seine Wärme spüren, mich anlehnen können. Er aber war weggegangen und stand nun vor mir, nicht mehr neben mir.

Gedanklich und intuitiv fragte ich ihn: „Warum? Warum gehst du weg und schaust mich jetzt an?“

Bo antwortete: *„Denk nach. Da kommst du selbst drauf.“*

Ich stand nachdenklich im Kreis meiner Pferde und mein Weinen beruhigte sich, ich begann nachzudenken. „Bo, was willst du von mir? Ich verstehe es nicht.“

Bo antwortete: *„Doch, du verstehst es schon, du weigerst dich, es anzunehmen.“*

Ich ließ meinen Gefühlen und Gedanken freien Lauf, während ich ganz ruhig dastand, er mir gegenüber, ebenfalls ganz ruhig, die anderen um uns herum. Da ging mir in der Betrachtung meines wunderschönen Pferdes ein Licht auf.

Seine Botschaft an mich war: *„Tritt mal einen Schritt zur Seite, Alexandra, und betrachte deine Situation von außen, aus einer anderen Perspektive. Du wirst es schaffen, die Chancen stehen gut!"*

Diese Erkenntnis war ein unglaublich wertvolles Geschenk, eine große Erleichterung, wie ein neuer Weg, der sich auftat. Als ich lächelte und nickte, setzte sich Bo in Bewegung und stellte sich wieder ganz ruhig neben mich. Ich lehnte mich an ihn und spürte seine Kraft, seine Zuversicht und seinen Trost. So blieben die Pferde und ich noch ein paar Minuten zusammenstehen und dann – wie auf ein geheimes Zeichen – setzten sie sich, einer nach dem anderen, ganz ruhig in Bewegung und gingen grasen.

Ich fuhr nach Hause und betrachtete meine Situation aus einer ganz anderen, neuen Perspektive.
Die Angst vor der Operation ließ nach, ich begann mich positiv, im Sinne von konstruktiver Weise mit der Krankheit Krebs, auseinanderzusetzen und versuchte, meine Angst in geordnete Bahnen zu lenken.

Ich begann, die Krankheit als Aufforderung zu sehen, etwas Grundlegendes in meinem Leben zu verändern.

Heute habe ich alles gut überstanden und im Alltag kann ich das Bild von Bo, wie er mir gegenübersteht und wartet, bis ich verstehe, abrufen und bleibe ruhig.

Peppy, eines meiner Pferde, die diesen Moment mit mir teilten, kam darauf wieder zu sprechen: *„Dann spürt ihr euch nicht mehr. Und so spürt ihr auch mit dem Herzen und mit der Seele nicht mehr. Denk daran, als du bei uns mit deinem Krebs warst. Wir mussten dir zeigen, dass es einen Weg gibt, dass du die Sache anders betrachten*

kannst und sie dann einen Teil ihres Schreckens verliert. Wieso konntest du das nicht selber? Weil du vor lauter Angst dich nicht mehr gespürt hast. Danach hast du dich gespürt und dir ging es so viel besser. Wir haben das sofort wahrgenommen.“

Ich habe lange überlegt, ob ich diese sehr persönliche Geschichte in unser Buch aufnehme. Am Ende habe ich mich dafür entschieden.

Bo’s Botschaft an mich und das Verhalten meiner anderen Pferde an jenem Nachmittag haben die Wochen und Monate mit Operationen und Komplikationen sehr viel erträglicher gemacht. Diese eine Begegnung hat mir die Kraft und den Optimismus gegeben, den Krebs zunehmend als Projekt, als Aufgabe und als Fingerzeig zu sehen.

Der weise Rat: *„Tritt mal einen Schritt zur Seite und betrachte deine Situation von außen, aus einer anderen Perspektive“*, war der Schlüssel zum Perspektivwechsel. Wie erleichternd und beruhigend für mich und weise von ihm ...

Diese Weisheit und das ist weit mehr als ein praktischer Rat zur persönlichen Haltung, möge den Leserinnen und Lesern dieses Buches, die ebenfalls in einer Krise feststecken, ob gesundheitlich, existentiell oder aufgrund anderer Umstände, Mut machen zum Perspektivwechsel. So entsteht positive Energie und auch die (Selbst)-Heilung des Körpers wird aktiviert.

Tiere gehen ebenso selbstverständlich mit Grenzsituationen wie dieser, als auch mit den Stärken und Schwächen ihrer Menschen, um. Keine Bewertung. Sie wissen um ihre Aufgabe an der Seite ihrer Menschen in diesem Leben. Auch verstorbene Tiere begleiten ihre Menschen weiter, nur auf und von einer höheren Ebene aus. Ein unsagbar großes Geschenk machen uns unsere Tiere, indem sie ihren Menschen mit viel Einsatz und Herz unterstützen.
In Kapitel 3 kommen einige Tiere mit ihren Lebensaufgaben zu Wort, das hat immer mit einer seelischen Komponente und einem höheren Auftrag zu tun. Das geschieht durch ihre Botschaften – wenn sie eine Stimme bekommen – und durch ihr SEIN im Leben ihres Menschen, indem sie designierte Qualitäten, wie bedingungslose Liebe, vorleben und einbringen.

Im nächsten Kapitel 3 kommen weitere Tiere mit ihren Lebensaufgaben zu Wort. Die beschriebene seelische Verbindung ist die Basis. Um in unserem Buch eine valide Grundlage und stimmige Aussagen weiterzugeben, haben wir uns entschieden, auch hier eine Berufene für dieses Thema einzubeziehen.

Frau Dr. Petra Schneider befasst sich seit fast 30 Jahren mit der Seele und der Anbindung und den Verbindungen mit der geistigen Welt.

Zum Verständnis der Seele folgt eine Beschreibung, angelehnt an ihr Buch ‚Die Seele verstehen – Zugang zur Seele und den geistigen Helfern':

„Wir (das gilt ebenso für Tiere) haben eine Seele. Die Seelen sind unsterblich. Das bedeutet, dass sie nach dem Tod in den Spirit gehen und weiter existieren. Ziel des menschlichen Lebens, der Seele in einem Körper – und ebenso eines Tieres – ist es, Erfahrungen in dem irdischen Leben zu machen und sich weiterzuentwickeln. Der Prozess wird auch als Wachstum bezeichnet.“[*5]

„Auch am Tage leuchten die Sterne am Himmel; man sieht sie nur nicht, weil die Sonne so hell ist. Und so übertönt die Stimme des Verstandes oft auch unsere innere Stimme der Weisheit und der Seele ... Die Seele ist der Anteil des Menschen, der den Körper belebt, oder besser gesagt, beseelt. Sie ist immateriell, dem Körper übergeordnet, und mit steuernden Impulsen nimmt sie Einfluss auf das Leben. Ziel der Seele ist es, Erfahrungen zu machen. Dadurch entwickelt sie sich.“[*6]

Ihre Definition ist Folgende: Die Seele besteht aus drei Teilen, die man auch Seelenaspekte nennen kann: der Urseele, dem Höheren Selbst und dem Seelenanteil im Körper. Letzteren nennt Dr. Petra Schneider das Seelenlicht. Letztlich ist die Seele eine Einheit. Ihr Modell hilft zum Verständnis der Seele als Gesamtheit.

„Die Urseele oder Ursprungsseele ist der Teil der Seele, der alle Seelenanteile, der alle Erfahrungen und die Verbindung zu anderen Bereichen der Schöpfung enthält. Sie ist verbunden mit der universellen, ewigen Wahrheit, der Weisheit, dem Göttlichen und dem Schöp-

fungsplan ... Sie ist still, passiv, ist Licht und Leuchten. Von ihr gehen keine Impulse, Handlungen oder Wirkungen aus. Die Urseele ist wie eine Bibliothek, die Platz hat für die Bücher aller Inkarnationen, die die Seele durchläuft." *7

Im Laufe aller Inkarnationen werden auf der Seelenebene Erfahrungen und Wissen angesammelt.
Zu dieser Urseele, der eigenen und der ihrer Herzensmenschen, haben die Tiere Zugang. Sie können auf das dort abgespeicherte Wissen zugreifen, sie sind mit ihr verbunden, auch im Hier und Jetzt. Das Wissen um diesen Zusammenhang ist spannend, da Tiere in den Gesprächen so viel von ihren früheren Inkarnationen wissen und auch unfassbar weitreichendes Wissen und genaue Details über ihre Bezugspersonen – die Herzensmenschen, kundtun.

Woher wissen Tiere das? Unser Verstand kann das meist nicht nachvollziehen und schwer akzeptieren. Zulassen ist die Zauberformel, um sich für diese Welt zu öffnen. Das ist ein wichtiges Wissen, das Zulassen, Akzeptanz und Vertrauen sowie Zutrauen bedingt.

Neo, Sabines verstorbener Hund, bezog sich in einem Gespräch mit mir (Alexandra) auf etwas, das in einem Tiergespräch für eine Klientin vorkam. Er war nicht dabei und gab es etwas detailliert, als Beispiel zu meiner Fragestellung wieder.
Bei anderer Gelegenheit sprach er etwas an, was mein Leben betraf. Er wusste, dass ich fuchsfarbene Pferde

bevorzugte und doch Bo in mein Leben kam, ein braunes Quarter Horse. Woher wusste er das, fragt man sich da doch?

Tiere haben Zugang zu Informationen im Feld und der Urseele von Menschen. Mit mir hat er durch die Gespräche eine Verbindung. Unsere Empfehlung an alle, die dieses Buch lesen und von der Weisheit der Tiere berührt werden: Entwickeln Sie Offenheit für dieses Wunder! Wir wünschen uns, als Beauftragte der Tiere, mit diesem Buch Ihr Herz anzusprechen und sich für die Vorstellung zu öffnen, dass Tiere nicht nur zu Ihnen sprechen können, sondern auch Ihr (Er)Leben unbemerkt mitgestalten. Die Seele und das Herz, auch die Herzintelligenz sind relevant, um das anzunehmen.

„Man sieht nur mit dem Herzen gut,
das Wesentliche ist für die Augen unsichtbar.“ *8

Antoine de Saint-Exupéry

2.2

Warum Menschen die (eigenen) Tiere auch unbewusst beeinflussen

Manche Menschen sagen, dass Haustiere und ihre Menschen sich manchmal mit der Zeit des Zusammenlebens immer mehr ähneln. Es können gleiche Verhaltensweisen sein und manche sehen sogar Ähnlichkeiten im Äußeren. Hier kann es ein wechselseitiger Einfluss sein, der sicher nicht bewusst vom Tier oder dessen Bezugsmenschen gesteuert wird.

Dieses Kapitel ist auf den ersten Blick nicht konform mit dem Titel ‚Gebt uns eure Stimme'. Schaut man genauer hin, passt das jetzige Thema jedoch, sie wollen etwas aufzeigen oder spiegeln es ihrem Menschen. Es ist von großer Bedeutung für die Tiere, dass sie gesehen werden und ihre Stimme gehört wird.
Wenn wir mit unseren Tieren eine Verbindung aufgebaut haben, sie vielleicht sogar mit uns in einem Haus leben, wie Hunde und Katzen, oder wir sie täglich besuchen und Zeit mit ihnen verbringen, wie mit Pferden und auch Kühen oder Schafen, dann lernen sie uns zu ‚lesen'.
Sie nehmen unsere seelische Verfassung ebenso wahr wie unseren körperlichen Zustand. Vieles überträgt sich über die Aura vom Bezugsmenschen zum Tier und umgekehrt.

Das hat vor allem mit Energien zu tun. Es gibt positive, somit hochschwingende Energien und schwere Gemütszustände, wie Trauer, Traurigkeit oder Verzweiflung, bis zu negativen Energien mit niedriger Schwingungsfrequenz, wie Hass und Wut.

Oftmals erspüren unsere Tiere lange vor uns Krankheiten, die uns bald danach sehr beschäftigen werden. Diese Gabe macht Hunde zu perfekten Assistenten in akuten kritischen Zuständen, wenn zum Beispiel schnell Insulin gespritzt werden muss bei Diabetes.

Tiere können in uns hineinspüren und versuchen sogar, uns darauf aufmerksam zu machen, wenn etwas nicht stimmt. Hier geht es um Krankheitssymptome, es kann auch eine Beziehung sein, die einem nicht guttut. Unsere Tiere leiden leider mit, weil sie uns lieben und helfen wollen. Dabei lassen sie fast nichts unversucht!

Im ersten Schritt verändern sie meist ihr Verhalten. Je nach Typ und Charakter (oftmals bei Pferden) scheinen sie uns auf einmal depressiv, aggressiv, launisch, schreckhaft und zeigen ähnliche Verhaltensweisen. Manche Tiere, z. B. Hunde, werden noch anhänglicher, folgen uns auf Schritt und Tritt, bis ins Badezimmer.

Katzen fangen an, mehr Beute nach Hause zu bringen und sie uns zu präsentieren. Oder sie schlafen nachts nicht mehr bei uns. Die Katzen, die nie zu uns ins Bett gekrochen sind, machen es auf einmal. Kühe wollen sich von heute auf morgen nicht mehr anfassen lassen.

Diese Liste ließe sich unendlich weiterführen. Es ist der erste Schritt unserer Tiere, uns auf eine Veränderung bei uns aufmerksam zu machen. Es liegt an uns und unserer Aufmerksamkeit, diese Zeichen richtig zu hinterfragen, vielleicht sogar nachzufragen!

Im März 2023 sprach ich mit Rocky, einer Katzendame, die bei einem älteren Ehepaar seit vielen Jahren glücklich lebte.

Von heute auf morgen begann sie täglich, aufs Sofa zu pinkeln. Ihre Besitzerin Christa-Maria, deren Mann kurz zuvor schwer erkrankt war, bat mich um Hilfe.

Ich kontaktierte Rocky:

Alexandra: „Hallo Rocky, ich bin Alexandra und Christa-Maria hat mich gebeten, dich mal zu fragen, wie es dir geht."

Rocky: *„Hallo Alex, du heißt Alex.“* (lächelt)

Alexandra: „Ja, stimmt.“ (ich lächle auch)

Rocky: *„Wieso sollst du mich das fragen?“*

Alexandra: Sie macht sich Gedanken ...

Rocky: *„Sie macht sich über vieles Gedanken, aber nicht immer über das Richtige.“*

Alexandra: „Wie meinst du das?“

Rocky: *„Sie muss sich mehr auf das Wesentliche konzentrieren.“* (schaut sehr streng zu mir)

Alexandra: „Rocky, mal langsam. Ich komme gleich auf das, was du sagst, zurück. Aber zuerst möchte ich dich fragen: Hast du Schmerzen? Irgendwo?“

Rocky: *„Nein.“* (wirkt gelangweilt, ein wenig ungeduldig)

Alexandra: (ich spüre bei ihr keine Schmerzen, eine gewisse Rastlosigkeit, der Schwanz peitscht, sie schaut mich sehr ungeduldig an) „Möchtest du etwas Wichtiges loswerden?“

Rocky: *„Ja, wenn du schon mal da bist.“* (legt sich hin, auf ein grünes Sofa, ein Teppich davor, eine getigerte Katze ist noch in der Nähe, die beachtet sie aber nicht weiter)

Alexandra: „Was denn?“

Rocky: *„Also ..., sie (Christa-Maria) kümmert sich um so Vieles, das kann auf Dauer nicht gutgehen."* (sie spricht sehr aufgeregt, hat Herzklopfen) *„Sie verliert das Wesentliche aus den Augen, sich selbst! Sie hat irgendwie Angst vor dem Schmerz, aber der ist da. Ich spüre ihn. Und das macht mich wütend. Jetzt ist er klein (der Schmerz) und man könnte ihn aushalten. Wir zusammen, aber irgendwann ist er groß und dann wird es schwierig. Wenn ich sie jetzt trösten und stärken kann, wird es später irgendwann nicht ganz so schlimm. Es kommt doch eh alles, wie es kommen muss, dann können wir doch jetzt schon anfangen, in ruhigen Momenten, uns damit auseinanderzusetzen. Sie weiß schon, von was ich rede. Ich kann sie stärken und trösten und bei ihr sein. Die anderen Tiere hier auch. Aber sie rennt immer rum und gibt nie Ruhe. Das ist nicht gut. Wir alle wollen, dass sie sich von uns stärken lässt. Das wir ihr so Kraft geben können, aber sie lässt uns nicht. Sie fühlt uns nicht."*

Alexandra: „Und das macht dich wütend?"

Rocky: *„Ja, weil sie es nicht versteht!"*

Alexandra: „Pinkelst du deshalb aufs Sofa?"

Rocky: *„Ja! Ich bin sauer auf sie. Sie braucht mehr Ruhe und sie braucht unsere Nähe und unsere Kraft und unser Kuscheln. Sie läuft davon, bis sie zusammenbricht. Das macht uns Angst. Es würde uns keine Angst machen, wenn sie sich mal hinsetzt und ein paar Tränen laufen. Dann sind wir da und können sie trösten und ihr*

Kraft geben." (sie weint und ist verzweifelt) *„Den anderen Tieren hier geht es auch so! Sie schimpft immer alle, die nicht auf sich selbst aufpassen, aber niemand passt auf sie auf, nicht mal sie selbst."* (sie weint ganz stark, ein Hund kommt hinzu und weint auch ganz leise) *„Schau, wir alle haben Angst um sie."*

Alexandra: „Mit dem Pinkeln hast du ihr noch mehr Arbeit gemacht", (sage ich ganz leise mit einem Zwinkern, um kein schlechtes Gewissen zu machen)

Rocky: *„Ja, aber immerhin habe ich erreicht, dass sie dich gerufen hat – und du kannst es ihr jetzt sagen!"*

Alexandra: „Das stimmt, meine Liebe, ich werde es ihr sagen. Und du hörst mit dem Pinkeln auf."

Rocky: *„Ja."*

Alexandra: „Danke dir. Ich finde es großartig, wie ihr euch um sie kümmert."

Rocky: *„Wir lieben sie, sag ihr das."*

Alexandra: „Das werde ich!"

In der Folge gab es nach wenigen Tagen ein weiteres Gespräch mit Rocky, in dem ich noch mal betonte, wie wichtig sie und die anderen Tiere für Christa-Maria seien und wie viel Kraft sie aus ihrer Anwesenheit schöpfen könne. Wenige Tage später beendete Rocky ihr Markieren auf dem Sofa, und bis heute kam es nicht mehr vor.

Hinzufügen möchte ich zum klaren Verständnis, dass nicht jede Verhaltensänderung zwangsläufig mit uns zu tun hat. Kann man aber Gründe aus dem Umfeld und Leben des jeweiligen Tieres ausschließen, spätestens dann wird es Zeit, bei sich selbst genauer hinzuschauen.

Werden unsere Tiere mit ihrem ‚neuen' Verhalten nicht wahrgenommen, dann passiert es nicht selten, dass die Tiere versuchen, ihren Menschen die Last, die Krankheit oder auch das Trauma abzunehmen. In meiner Arbeit als Tierkommunikatorin und -energetikerin begegnen mir regelmäßig Tiere, die von ihren Menschen schwerste Erkrankungen auf sich genommen haben. Andere spiegeln ihren Menschen Traumata, die bisher nicht bearbeitet oder gesehen wurden. Sie nehmen ihren Menschen das Leid ab oder spiegeln Lebensumstände, wie zum Bespiel Stillstand, ein Ignorieren oder Verdrängen, d. h., wegschauen und erkranken an deren Stelle, zum Beispiel an den Augen.
Das ist dann ein konkretes symbolisches Zeichen von nicht mehr richtig hinsehen zu können, als eine indirekte Botschaft für ihren Besitzer oder ihre Besitzerin.

Sabine hat bei ihrem Pferd genau das erlebt. Lassen wir sie erzählen: Mein (Sabine) Pferd, Hermès, hatte vor einigen Jahren einen geschwollenen Lymphknoten unter der Ganasche.
Tierärzte befassten sich damit, ob es an den Zähnen liegen könne und andere Untersuchungen.

Osteopathie-Anwendungen folgten. Sogar den Sattel ließ ich kontrollieren, ob im Rückenbereich ein Problem mit den Lymphbahnen durch zu viel Druck bestehen könnte. Die Ursache, respektive der Auslöser, eine Bakterienart, kam später heraus und wurde mit Antibiotikum zwei Mal behandelt. Ich selbst behandelte mein Pferd lokal mit Auftragen verschiedener Mittel, wie CDL-Lösung und Teebaumöl, um die hartnäckigen Bakterien in dem Lymphknoten loszuwerden. Es half nicht, die Schwellung blieb über Monate.

Mein Pferd wollte schon gar nicht mehr, dass ich da hinfasste, bei der Dauer der Behandlungen und Kontrolle des Zustandes.
In Gesprächen mit zwei Frauen, die eine Anbindung an die geistige Welt haben, kam der Hinweis, es habe auch mit mir zu tun, mein Leben sei nicht im Fluss. Ich realisierte diese Spiegelung, dass mein Pferd mir (vielleicht) etwas aufzeigen wollte. Ich dachte darüber nach und sah keine Möglichkeit, keinen Ansatz, was ich ändern könnte in meinem Leben und Alltag. Ich war subjektiv mit meiner Lebenssituation zufrieden, als nicht im Fluss empfand ich es selbst nicht.

Inzwischen weiß ich, spüre ich, was Hermès mir damals spiegelte, mehr Erdung, Verbindung zu meiner Seele, in meinen Flow zu kommen im Leben, auch Veränderung anzugehen. Es hatte mit Sicherheit auch damit zu tun, dass ich mit meinem Beruf, die Ausrichtung meiner

Lebensaufgabe, etwas Heilendes für Menschen und Tiere zu tun, noch nicht erfüllte.
Er schaffte es allein, irgendwann war der Lymphknoten wieder in normaler Größe.
Homöopathische Mittel zur Abgrenzung (auch zu mir energetisch) trugen ihren Teil dazu bei. Möglicherweise habe ich einen positiven Beitrag – indirekt – daran gehabt, durch eine Veränderung meiner Energie oder im Verhalten und Bewusstsein.

Dr. Ruediger Dahlke, ein namhafter Arzt, Redner und Autor, hat zusammen mit Irmgard Baumgartner, einer Tierärztin und Homöopathin, ein Buch mit dem Titel: ‚Das Tier als Spiegel der menschlichen Seele' geschrieben.
Gisa Geneper und Rolf Kamphausen schrieben ein Buch mit ähnlichem Titel: ‚Wenn Tiere ihre Menschen spiegeln – Wie Haustiere unsere Probleme übernehmen'.

Wir haben uns entschieden, in diesem Buch neben unseren Erfahrungen, unserem Wissen und unserer persönlichen Haltung und Meinung, kompetente Persönlichkeiten für dieses Buch einzubinden. Dadurch ist eine validierte Darstellung möglich, die umfassende Erfahrungen und Expertenwissen einbringt.

„Wenn Tiere für uns einstehen und Dinge für uns (er-) tragen, sich gleichsam opfern, um uns etwas abzunehmen, ergibt sich hier eine therapeutische Möglichkeit, die weit über das hinausgeht, was wir bisher kennen." *9

Folgen wir der Deutung von Dr. Dahlke, passt dieses Unterkapitel genau hierher, zu der unendlichen Seelenverbindung zwischen Tieren und ihren Menschen.
Tiere kommunizieren über die Seele und die universelle Sprache: *„... denn die Tiere empfangen solche Botschaften mit Sicherheit nicht von der archetypisch männlichen, intellektuellen linken Gehirnhälfte ihres Menschen und nehmen sie wohl nicht bei sich in dieser wahr. Sie gehen mit großer seelischer Offenheit den archetypischen weiblichen Weg des Mitfühlens. Sie tauchen wohl auf eine sehr ganzheitliche Art in unsere Gedankenbilder ein, in die Sorgen, Ängste und Kümmernisse, und übernehmen zuweilen eben auch Krankheitssymptome. Es fehlt ihnen einfach eine Ich-Grenze und sie lassen alles ungehindert in sich hinein, was in ihrem Lebenszusammenhang wichtig ist – und ihr Mensch ist offensichtlich ganz besonders wichtig für sie."* *[10]

Auch wenn ich (Alexandra) die Erkenntnisse Rüdiger Dahlkes zu 99% unterschreiben kann, möchte ich an einem Punkt widersprechen: Ich bin durch meine Arbeit zu der festen Überzeugung gelangt, dass die Tiere sehr wohl eine Ich-Grenze haben. Sie lassen nichts ungehindert in sich herein, denn dann würden sie die Leiden der gesamten Menschheit auf ihren Schultern, in ihren Körpern und in ihren Seelen tragen. Genau das tun sie eben nicht! Die Tiere haben eine große Leidensfähigkeit, die es ihnen ermöglicht, Lasten geliebter Menschen zu übernehmen. Dies tun sie aus meiner Sicht bewusst und mit großer Hingabe. Bis hin zu ihrem eigenen Schaden.

Beipflichten kann ich Rüdiger Dahlke in dem Punkt, dass sie es für alle tun, die in ihrem Lebenszusammenhang wichtig sind. Sie tun es an dem Punkt, an dem sie annehmen und spüren, dass ihr Mensch nicht hinschaut oder nicht die Kraft hat, hinzuschauen.
Tiere haben zudem eine andere Wahrnehmung von Leiden. Bei so manchen Gesprächen mit Tieren bin ich mehr als berührt aus den Sitzungen gegangen.

Da gab es eine Katze, nennen wir sie Bella. Sie war alt und unheilbar krank. Ihre Besitzerin ging oft mit ihr zum Tierarzt, um Bella bestmöglich versorgen zu lassen. Es kam der Tag, an dem der Tierarzt empfahl, das Tier zu erlösen. Schwer getroffen ging die Frau mit ihrer dem Tode geweihten geliebten Katze nach Hause. Sie sprach über die schier unaussprechliche Entscheidung, die sie zu treffen hatte, mit einer guten Freundin. Sie betonte immer wieder, dass sie die Katze sehr liebe, abgöttisch liebe und nicht wolle, dass sie leiden müsse. Aber sie sei einfach nicht in der Lage, diese Entscheidung jetzt und sofort zu treffen.

Die Freundin, die der Empfehlung des Tierarztes folgen wollte, empfahl ihr, mit mir Kontakt aufzunehmen und die Katze zu fragen, wie sie das denn sehe.

Ich kontaktierte also die Katze. Bella präsentierte sich körperlich sehr schwach, aber geistig voll auf der Höhe.

Sie erklärte mir, dass sie momentan nicht eingeschläfert werden möchte, weil ihre Besitzerin noch nicht in der Lage sei, sie loszulassen.
Sie habe keine großen Schmerzen, sie fühle sich schwach, aber durchaus in der Lage, noch einige Zeit so weitermachen zu können, bis sie spüre, dass ihre Besitzerin in der Lage sei, sich von ihr zu verabschieden. Ganz klar: Sie mochte noch nicht eingeschläfert werden, sie werde zeigen, wann es für sie richtig sei.

So geschah es. Einige Wochen später rief mich die Besitzerin wieder an und meinte, der Zeitpunkt sei gekommen, an dem sie loslassen könne. Bella habe bis zum vorherigen Tag gut gefressen, viel gekuschelt (mehr denn je), sich wenig bewegt, aber stets einen zufriedenen Eindruck gemacht. Seit dem Morgen sei sie unleidig und viel, viel schwächer geworden und habe

nichts mehr gefressen. Nun sei der Zeitpunkt gekommen, an dem sie sie gehen lassen möchte. Ich kontaktierte Bella und ihre Katze war einverstanden.
Das, was wir – aus unserer Sicht – als großes Leiden empfinden, empfinden die Tiere oft anders. Klar ist, dass wir sie nicht aus egoistischen Gründen leiden lassen dürfen. Klar ist auch, dass wir die Verantwortung haben, die richtigen Entscheidungen zum richtigen Zeitpunkt zu treffen. Dennoch empfindet manches Tier seine Aufgabe als noch nicht vollendet und aus diesem Grund empfindet es ‚Leiden' anders, hält noch durch. Es ist eine Gratwanderung, die wir besser bewältigen können, wenn wir den Tieren auch hier eine Stimme geben und ihnen zuhören.

Wir Menschen haben eine große Verantwortung für Tiere, für unsere eigenen Tiere vor allem, d. h., dafür Sorge zu tragen, dass es ihnen gutgeht. Das bezieht sich sowohl auf die körperliche Verfassung als auch auf die seelische Ebene.

Tiere haben besondere Fähigkeiten. Manche Spezies können in den Seelen der Menschen förmlich lesen, das betrifft nicht nur deren Menschenfreunde. Dies ist den meisten Menschen nicht bewusst. Es kann bei Tieren zu einem Mitleiden kommen, wenn sie sehen und spüren, dass ihre Menschen leiden, traurig oder gar über längere Phasen depressiv sind. Die Tiere entwickeln nicht selten körperlich Krankheiten, um ihren Menschen etwas ganz deutlich zu zeigen, wie ein Symbol für ‚du schaust nicht hin!', ,gehst nicht fort (auf eine Beziehung bezogen)', ,gibst dich auf', ,glaubst nicht an dich', ,achtest nicht auf dich' und was noch alles dahinterstecken kann an Botschaften, die sie körperlich manifestiert zeigen und es auch bewusst wollen, um ihrem Herzensmenschen zu helfen.

Geben wir ihnen eine Stimme, können sie ihr Herzensanliegen ihren Menschen kommunizieren.

Haustiere – das haben bestimmt viele der Leserinnen und Leser selbst erlebt – haben eine tiefe Beziehung zu ihren Menschen. Sie sind sehr sensitiv und reagieren auf Emotionen wie Traurigkeit, Wut und andere Stimmungslagen. Pferde können die Stimmung und Energie schon aus der Entfernung bei den Menschen wahrnehmen. Auch spüren sie unseren Herzschlag auf viele Meter Distanz, eine große Gabe!

Durch ein Gespräch kam heraus, dass mein (Sabine) Pferd Hermès, Themen und Emotionen von anderen Lebewesen, Menschen und Tieren, übernahm. Es ist eindeutig, dass diese Menschen das nicht absichtlich machten, um ihre belastenden Themen und schweren Energien auf ihn zu transformieren.
Hermès erspürte das und hörte zu. Wenn Menschen Tieren etwas erzählen, nehmen sie das wahr und auch auf, wie in seinem Fall, als Übernahme von Problemen oder Traurigkeit anderer. Das macht er nun nicht mehr,

darüber bin ich sehr froh und er auch. Sein Leben sei seit der Rückgabe der Themen und Energien fremder Wesen deutlich erleichtert, gab er kund.

Alexandra: Das freut mich, Hermès! Sie (Sabine) hat ja Recht, du bist kein Eimer (Anmerkung: Wir Menschen sagen z. B., man sei kein Mülleimer für die Sorgen anderer, die diese bei einem abladen) für all die anderen. Sag mal, die anderen, sind das alles Menschen, die bei dir ihre Themen abladen wollen?

Hermès: (denkt nach, schaut mich dabei versonnen an) *„Nein, nicht nur. Aber einige schon ...“*

Alexandra: „Passiert das im Hier und Jetzt, oder war das früher auch schon so?“

Hermès: *„Ah, das meinst du! Ja, das war früher auch schon so. Und so manches habe ich noch bei mir aus den früheren Dimensionen.“* (Anmerkung: Hier wird deutlich, wie selbstverständlich Tiere mit ihren vielen Vorleben – Inkarnationen – umgehen).
„Das ist okay, denn ich lerne daraus. Nicht alles ist schlecht. Manches mag ich nicht, aber da hast du ja gesagt, dass ich es nicht übernehmen muss, wenn ich nicht will! Das stimmt doch, oder?“
Alexandra: „Ja, es geht immer von dem Lebewesen aus, das bereit ist, zu übernehmen. Die Sender, egal ob Mensch oder Tier, laden ab, wo immer sie können. Nur nicht alle übernehmen dann die Themen, so wie du das machst. Das musst du aber nicht machen. Wie ich dir

erklärt habe, ist das nicht gut für dich, aber es ist eben auch gar nicht gut für die anderen. Die müssen ihre Themen behalten und sie lösen. Wenn du sie ihnen abnimmst, dann hilfst du ihnen nicht. Verstehst du das?“

Hermès: (hört mir ganz aufmerksam zu, ist voll konzentriert) *„Also du meinst, ich kann mich einfach weigern, deren Themen zu übernehmen?“*

Alexandra: „Ja, das kannst du nicht nur, das solltest du dringend tun!“

Hermès: *„Okay ...“*

Alexandra: „Du hilfst niemandem, wenn du sie übernimmst.“

Hermès: *„Stimmt! So wie du das erklärst, ist es wohl so.“*

Alexandra: „Gibt es denn im Hier und Jetzt Menschen, von denen du Themen übernimmst? Oder Lebewesen?“

Hermès: (denkt nach, ich warte) *„Na ja, schon, aber ich kann das ja jetzt ablehnen.* (Er hebt plötzlich den Kopf und schaut mich aufgeregt an) *Was mache ich mit den Themen, die schon bei mir sind?“*

Alexandra: „Ganz ruhig, wir können sie zurückgeben an die Lebewesen. Möchtest du das mit mir machen?“

Hermès: *„Ja, das will ich. Wie geht das?“* (Er legt den Kopf ein wenig schief und schaut mich neugierig an)

(Anmerkung: Darauf folgte der Transformationsprozess mit einem Ritual, das ich (Alexandra) anleitete und Hermès mit Freude und sehr motiviert mitmachte, um die Themen und Fremdenergien den Menschen und anderen Tieren zurückzugeben. Deren Verantwortung, nicht seine, das mitzutragen, auch das erklärte ich ihm.)

Hermès: *„Ich möchte …* (wir lassen den Namen weg) *rufen, der trägt so schwer am Tod von … Er hat mir das gesagt und ich wollte ihm helfen."*

Alexandra: „Ja, das glaube ich dir. Aber er wird seine Trauer nicht beenden, wenn er nicht selbst daran arbeitet und es fühlt. Also seine Trauer fühlt. Gib es ihm zurück, damit er den Verlustschmerz für sich heilen kann."

Hermès: (er ruft den Mann) *„Hiermit fülle ich all deine Trauer in diese Schüssel und gebe sie dir zurück. Du bist stark genug, damit klarzukommen."*

Alexandra: „Wen rufst du noch?"

Hermès: (Er windet sich ein wenig) *„Aus den früheren Dimensionen. Können wir alle auf einmal erledigen? Ich mag an Manches gar nicht mehr genau denken …"*

Alexandra: „Wir können es versuchen. Also nimm die Schüssel hier und fülle alles, was du trägst aus den anderen Dimensionen, hier rein und dann übergeben wir die Schüssel der Vergangenheit."

Hermès: *„Das macht Spaß und du sagst, es ist sogar richtig! Dass Richtiges so viel Spaß machen kann, ist super!"*

Alexandra: „Ja, Hermès, es wird dich erleichtern, du wirst sehen! Gibt es noch ein Lebewesen, dem du etwas zurückgeben kannst?"

Hermès: (er denkt nach) *„Ja, aber das möchte ich noch nicht zurückgeben. Ich will erst einmal fühlen, wie sich das jetzt ändert."*

Alexandra: „Okay, dann warten wir und machen das ein wenig später. Ist es ein Mensch oder ein Tier oder die Vergangenheit?"

Hermès: (er windet sich) *„Ich will dir das noch nicht sagen, aber ich glaube, du weißt es eh. Darf ich für sie noch ein wenig weitertragen?"*

Alexandra: „Wenn du das möchtest, dann tu das. Es darf dich nur nicht zu sehr belasten."

Hermès: *„Das tut es nicht. Aber ich möchte die Person – ups! – also das Lebewesen, darauf vorbereiten. Das möchte ich selber machen."*

Da mein Pferd auch schon Übernommenes aus Vorleben weiter mittrug, scheint es Teil seines Wesentlichen gewesen zu sein. Eine Aufgabe, die er freiwillig übernahm, allerdings auch nicht ohne Zweifel.
Denn durch seine Aussage ‚ich bin doch kein Eimer', war deutlich, dass Hermès sich der immer größer wer-

denden Anzahl an übernommenen Problemen bewusst war.
Da dieses bewusste oder unbewusste Abladen der Kümmernisse und anderer Themen Dritter nicht zuträglich für mein Pferd ist, bin ich sehr froh, dass ich durch die Tierkommunikation, hier dank Alexandra, davon erfuhr und Hermès selbst entschied, das zu beenden.

Wir kommen auf Dr. Rüdiger Dahlke zurück, der im gleichen Kontext wie bei Hermès gegeben, Verhalten beschreibt und aus seiner Sicht und Erfahrung heraus die Tierseele bestätigt. In seinem Buch (Co-Autorin Irmgard Baumgärtner) ‚Das Tier als Spiegel der menschlichen Seele' geht er fundiert darauf ein:

„Wenn mir ein Tier tatsächlich Aufgaben abnimmt und in seinem Körper Konflikte für mich ausdrückt, die meine Seele nicht bewältigen kann, vor denen mein Bewusstsein zurückschreckt, so muss ich diesem Tier und allen Tieren eine Seele zusprechen und mit ihr zusammenarbeiten." *[11]

Hermès sagte in einem Gespräch, auf das wir später noch genauer eingehen werden, zu dem Thema dieses Kapitels, mit Allgemeingültigkeit für Pferdebesitzer, Folgendes:

„Wir Pferde, also ich, rede jetzt mal nur von uns Pferden, wir tragen gerne eure Körper auf unserem Rücken. Na ja, nicht immer so gerne, aber wir machen

es eben. So! Das heißt aber nicht, dass ihr eure Themen auch noch auf uns abladen sollt. Es ist ja in der letzten Zeit – also Zeiträume definiere ich anders als du, also schon lange, meine ich – total oft so, dass ihr Menschen meint, ihr kommt fix und fertig zu uns, manche toben sich dann auf uns aus, andere quatschen uns ein Ohr ab, die nächsten heulen rum. Alles gut! Wir sind da und stützen euch! Aber wir können das nicht aushalten, wenn ihr das dauernd macht und ohne Erkenntnisse immer wieder das Gleiche! Dann werden wir entweder grantig, das ist noch okay, oder wir werden mehr als grantig, dann kann es gefährlich werden, weil wir so groß sind und die Spannung ja irgendwo hinmuss, die wir für euch tragen. Oder wir werden irgendwann selbst krank, nur um aus der Situation rauszukommen. Kann das richtig sein? In jedem der Fälle, die ich dir gerade gesagt habe, zahlen wir! Sozusagen! Und ihr? Ihr habt dann immer noch nichts für euch geändert. Aber darum geht es doch!
ERKENNTNISSE! Das ist das Zauberwort. Wenn es denn nur magisch wäre ..."

Er fasst das also deutlich weiter als Rüdiger Dahlke, er beschreibt, dass die Tiere durchaus auch als eine Art ‚Ventil' benutzt werden, dass sie uns stützen oder auch unterstützen wollen. Auch wie weit ihre Unterstützung gehen kann, beschreibt Hermes sehr genau mit den Worten, *„... oder wir werden irgendwann selbst krank!"*

An diesem Punkt sollten wir Menschen sehr genau hinschauen – zu uns selbst und Veränderung und Heilung bewusst angehen ...! Dann heilen unsere Tiere mit und müssen uns das Problem nicht mehr spiegeln. Viele Tiere übernehmen stellvertretend die Themen ihres Bezugsmenschen. Die Art der Krankheit, welche Symptome und welche Organe und Glieder es im Körper geht, können als Schlüssel dienen. Schlüssel dahingehend, um welche Lebensthemen es gehen kann. Dr. Rüdiger Dahlke thematisiert das unter anderem in seinem Buch ‚Die Krankheit als Weg'.
Tiere können auch durch temporäre Verhaltensauffälligkeiten, wie Hermès es differenziert aufgreift, Themen ihres Menschen spiegeln. Eine klare Aufforderung, die leider oft nicht erkannt wird. Es ist so wichtig, das zu erkennen und sie nicht dafür zu bestrafen, wenn das der Hintergrund ist. Ihre Absicht ist positiv und von Liebe und Loyalität geprägt.

2.3

Tiere können Krankheiten übernehmen

Das ist ein Bereich, in dem Menschen ihre Tiere unbewusst beeinflussen, was oftmals sehr folgenschwer für die Tiere selbst wird.
Rüdiger Dahlke bestätigt in seinem Buch, dass Tiere auch die Schattenaspekte erkennen können. Hier be-

wegen wir uns auf der Seelenebene. Er bestätigt aus Erfahrung, dass Menschen im Zusammensein mit ihren Tieren an Ausdrucksmöglichkeiten dazugewinnen, dies auch im symbolischen Sinn, wenn sich die Tiere für ihre Besitzer zur Verfügung stellen und sogar Krankheiten stellvertretend übernehmen.

Ich (Sabine) habe es selbst erlebt, dass meine Tiere von mir etwas übernahmen. Ein Heiler, Wolfgang Lehre, der sich auf energetischer Ebene mit einem auf dem Röntgenbild sichtbaren schwarzen Schatten an der Wirbelsäule meines Hundes Neo beschäftigte, übermittelte mir eine schwere Botschaft.
Neo hatte als Stellvertreter einen Tumor übernommen. *„Ihr Hund hat sich für Sie geopfert“,* schrieb er mir. Das war für mich schwere Post und ich wusste, wie sehr Neo mich lieben muss, um so weit zu gehen. Das mag für manche nicht glaubhaft klingen, aber es gibt diese Einflüsse und körperlichen Manifestationen.
Da es erst ein Anfangsstadium mit den kritischen Zellveränderungen und zu dem Zeitpunkt noch lokal abgegrenzt war, konnte Herr Lehre das heilen. Dafür war und bin ich unendlich dankbar, wenn ich mich daran erinnere, wie jetzt beim Schreiben.
Tiere wollen uns helfen und sind gute Therapeuten. Die Krankheiten von Tieren haben oft mit dem Zustand und Leben ihres Menschen – körperlich und/oder seelisch – zu tun. Ein Tier adaptiert sich an das Leben des Men-

schen und der Familie. Es lebt die Lebensumstände und energetischen Schwingungen mit.
Kommt es zu einer Lebenskrise, erkranken die Tiere des Öfteren. Es gibt diesen Zusammenhang insbesondere, wenn diese Krise eines inneren Prozesses des Menschen bedarf, um eine Lösung herbeizuführen. Das kann eine schwere Entscheidung sein, eine problematische Situation im Beruf, eine Partnerkrise oder die schon thematisierte Krankheit, respektive ein anderer schwerer Schicksalsschlag.
Tiere bieten uns Unterstützung für die Persönlichkeitsentwicklung oder auch Wachstum, wie es so oft beschrieben wird. Rüdiger Dahlke dazu: *„Zu wünschen ist, dass die Chance zur Selbsterkenntnis, die Tiere uns bieten – neben all der Zuwendung, Liebe und Treue, Kommunikation, Freude und Lebendigkeit –, bekannter wird, denn damit eröffnet sich eine wundervolle Perspektive ... Aber Tiere vermögen rechtzeitig zu warnen, sie können uns vieles abnehmen und für uns tragen.“* [*12]

Kapitel 3

Die Mission der Tiere für Heilung und Veränderung

„Heilung entsteht, wenn wir bereit sind,
in die Tiefe unseres Seins einzutauchen." *13

Dr. Petra Schneider

Durch meine (Alexandra) unzähligen Gespräche mit den Tieren sind wir zu der festen Überzeugung gelangt, dass die meisten Tiere mit einer Aufgabe in unser Leben kommen.

Sie bezeichnen das als das ‚Wesentliche' oder die ‚Essenz', deren Substanz sie an ihre Menschen weitergeben wollen. Sie sind sich ihrer Aufgabe sehr bewusst und geben nicht auf in ihrem Bemühen, diese Botschaften zu übermitteln, auch wenn wir Menschen sie oft nicht hören.

Sie dienen (ich habe dieses Wort absichtlich so gewählt) den Menschen eben nicht nur als Bereicherung und Bedürfnisbefriedigung in ihrem Leben, sondern sie kommen mit einer konkreten Mission.

Wie unterschiedlich diese Aufgaben sein können, zeigt dieses Kapitel, das in unseren Augen eines der Wichtigsten dieses Buches ist. Wie Neo es sich wünschte:

„Schreit es raus,
damit auch der Letzte hört,
was wir zu sagen haben!"

3.1

Ihre Lebensaufgaben – das Wesentliche und die Essenz und die Bedeutung ihrer Mission

Eine wichtige Botschaft von Bo, meinem Pferd (Alexandra), führte zu diesem Kapitel. Es ging um Bewusstheit. Er sprach über die Essenz, das Wesentliche aus Sicht der Tiere:

Alexandra: (Ich lehne mich an ihn) „Ja, es hat sich viel geändert ... aber ich habe mich schon früher bemüht, nicht nur zu rennen ...“

Bo: *„Mit Rennen hat das nichts zu tun. Man kann ja rennen, aber man darf das Wichtige nicht vergessen.* ***Die Essenz, das Wesentliche ..., das vergesst ihr.“***

Über die Kommunikation mit unseren Tieren wurde uns bewusst, dass sie eine Aufgabe in ihrem Leben haben, eine Lebensaufgabe, so wie wir Menschen diese auch haben. Mit dieser Aufgabe – die schon mit der Geburt in der Seele verankert ist – sind wir wie mit einem lebenslangen Auftrag, verbunden. Nur, viele Menschen wissen das nicht oder erkennen diese seelische Ebene und diesen Sinn, den sie ihrem Leben geben können und sollen, nicht.
Die Tiere hingegen sind sich dessen sehr bewusst. Für sie ist das ganz normal. Das hat uns sehr beeindruckt und deswegen stiegen wir tiefer ein.

Die schönen Ausdrücke, das Wesentliche und die Essenz, vermittelten uns die Tiere, in Bezug auf die Lebensaufgabe aus Tiersicht.
Ihr Wesentliches, warum sie hier sind (in diesem Leben) und das sie erfüllen wollen mit dem/den dazu gehörigen Menschen. Oft ist es ihr Beitrag für unsere Persönlichkeitsentwicklung, eine Essenz, die sie uns Menschen schenken, so wir auf ihre Botschaften hören und diese überhaupt wahrnehmen (können).

Alexandra: „Was ist das Wesentliche für euch?"

Bo: *„Das Wesentliche ist der Sinn, warum wir hier sind. Der eine weniger, der andere mehr."*

Alexandra: „Was weniger und was meinst du mit mehr?"

Bo: (Er pustet mich liebevoll an, dreht den Kopf dabei zu mir, ich stehe an seiner Flanke) *„Das Wesentliche ist der Sinn hinter allem, der Sinn eines jeden Lebens hier auf der Erde. Und auch außerhalb. Das Wesentliche ist der Grund für alles Leben. Nicht nur die Biologie, denn dann könnten wir alle ohne Seele und Geist existieren. Es gibt einen Auftrag für alles Leben. Die Bäume wissen das, die Blumen wissen das und alle Tiere auch. Ich mache dir ein Beispiel: Warum meinst du, kann ein Mensch ein Tier dressieren, das eigentlich ein Wildtier ist?"*

Alexandra: „Weil der Mensch es sich untertan macht ... (ich schaue ihn fragend an) Nein? Nicht deswegen, meinst du?“

Bo: *„Nein, ganz sicher nicht. Wenn der Löwe nicht akzeptiert, dass der Mensch ihn dressieren darf, dann könnte es der Mensch nie tun. Denk an die Zebras. Die haben beschlossen, dass sie nie ein anderes Wesen dressieren wird. Der Löwe ist viel stärker als ein Zebra und lässt sich – zwar widerwillig – dressieren. Das müsste er bei aller Gewalt nicht tun. Nimm uns Pferde, die wir in den Krieg mit einem Menschen auf dem Rücken oder einem Wagen hinter uns gezogen sind. Wir müssten das nicht tun. Es ist das Wesentliche, das wir anbieten. Der Sinn dahinter ...“*

Alexandra: „Deine Beispiele sind aber keine schönen Beispiele, Bo.“

Bo: *„Ich sage ja auch nicht, dass das Wesentliche immer schön ist. Es ist der Grund dahinter. Wir hinterfragen den Grund nicht immer. Dann könnten wir nicht dienen. Aber wir verstehen, dass wir das machen, weil es in dem Leben das Wesentliche ist. Wir haben kurze Leben, wir erleben das Wesentliche mehrmals. Was macht es deiner Meinung nach für einen Sinn, dass manche Tiere als Futter für andere Tiere dienen ..., meinst du, denen macht das Spaß, sie finden das gut, gefressen zu werden?“*

Alexandra: „Nein, sicher nicht.“

Bo: *„Eben. Aber gefressen zu werden, ist für sie das Wesentliche in jenem Leben. Der Sinn dahinter ist, dass das fressende Tier leben kann. Sonst wäre es ja wohl so, dass wir alle leben und überleben, ohne zu fressen."*

Alexandra: „Nicht alle Tiere fressen andere Tiere ..."

Bo: *„Richtig, aber Pflanzen fressen ist genauso ..., der Pflanze macht es keine Freude, gefressen zu werden, aber es ist ihr wesentlicher Auftrag, sich als Futter zu geben und wieder nachzuwachsen, damit andere Wesen überleben können. Bäume dienen schon immer als Brennholz. Das ist ihr Wesentliches. Pflanzen bilden Samen, um sich fortzupflanzen. Auch damit ihre Nachkommen wieder ihren wesentlichen Auftrag erfüllen können. Und so hat jedes Wesen seinen Auftrag, sein Wesentliches. Verstehst du das?"*

Alexandra: „Ja, größtenteils."

Bo: *„Und was verstehst du nicht?"*

Alexandra: „Hmm, was soll das alles? Warum sind wir dann überhaupt hier?"

Bo: (Er lacht) *„Tja, das ist eine gute Frage. Schwere Kost, meine Liebe! Warum gibt es die Erde überhaupt? Hast du dir darüber mal Gedanken gemacht?"*

Alexandra: „Ja, schon oft. Wozu das alles?"

Bo: *„Für den großen Kosmos sind wir nicht wichtig. Wir können unsere Erde explodieren lassen, das ist dem Kosmos egal. Es ist egal fürs Karma, fürs Schicksal, für Alles*

… und trotzdem sind wir da. Ehrlich? Ich weiß es nicht und ich weiß nicht, ob das irgendein Wesen weiß. Vielleicht haben die großen Meister eine Antwort. Ich weiß nur, dass ich hier bin, um mich um das Wesentliche zu kümmern. So ist meine Aufgabe – und übrigens die aller Wesen. Die Meisten sehen es leider nicht …, aber da kann man nichts machen."

Alexandra: „Was ist dein Wesentliches? Deine Aufgabe?"

Bo: (denkt nach) *„Ich weiß nicht, ob ich dir das sagen will …"*

Alexandra: „Warum?"

Bo: *„Na ja, du bist ein Mensch und ihr denkt manchmal sehr seltsam, zieht seltsame Schlüsse …, die falschen oft. Ich meine, das gibt es nicht nur unter Menschen, auch wir ziehen manchmal die falschen Schlüsse …, der Unterschied ist, dass wir dann nicht übereinander denken, dass wir dumm sind, weil wir die falschen Schlüsse gezogen haben. Ihr denkt das dann schon. Wie viele Menschen sagen, das Tier oder der Mensch ist dumm, weil es oder er die falschen Schlüsse gezogen hat? Die Meisten denken so. Wir Tiere nicht. Bei uns ist keiner dumm, und es hat immer einen Grund, wenn man die falschen Schlüsse zieht. Es kann ja am Ende wieder richtig sein. Das weiß man zu dem Zeitpunkt aber nicht. Das merkt man oft erst später. Da kann es schon richtig geworden sein. Wenn ich dir jetzt sage, was mein We-*

sentliches ist, dann zweifelst du vielleicht an meiner Liebe zu dir und damit wäre das Wesentliche weg ..., das will ich nicht. Das verhindere ich."

Alexandra: „Mich interessiert dein Wesentliches sehr, Bo."

Bo: *„Pass auf, ich versuche es dir mal zu erklären. Du wusstest schon immer, dass du diese Fähigkeiten hast. Dann hast du sie vergessen, aber ein wenig davon war immer da. Das hat ja auch dem Rektor mal das Leben gerettet, du erinnerst dich an Rektor?"* (Anmerkung: Rektor war mein Pferd, als ich 20 Jahre alt war. Eines Nachts wachte ich unvermittelt auf und wusste, dass er meine Hilfe brauchte. Im Stall angekommen, fand ich ihn liegend mit einer schweren Kolik) *„Oder die Signale, die dir Sophie als junges Pony gesendet hat. Du bist am nächsten Tag wiedergekommen, um sie zu holen. Sie wusste das und wollte das. Du hast die Signale richtig gelesen."* (Anmerkung: Sophie fand ich per Zufall 1992 bei einem Kaltbluthändler – sie ist ein Shetty – in erbarmungswürdigem Zustand. Sie war etwa 7 Monate alt, untererernährt und krank. Sie lebt übrigens noch heute und ist 33 Jahre alt)
„So ... und dann kamen Jahre, in denen du diese Fähigkeit nicht beachtet hast. Das war schlimm. Und so kam es zu meinem Wesentlichen, zu meinem Auftrag, dir zur Seite zu stehen und zu erreichen, dass das wieder an die Oberfläche kommt. Du kannst Gutes damit tun und du

hast lange damit gewartet (er grinst*). Es war ein wenig mühsam mit dir, das kannst du mir glauben."*

Alexandra: „Und warum sollte ich dich jetzt nicht mehr lieben oder Zweifel hegen? Es ist sehr schön, was du sagst."

Bo: (grinst mich schief an) *„Na, weil ihr Menschen so seid, wie ihr seid. Ihr denkt, wenn jemand zu euch lieb ist, weil er einen Auftrag hat, dann ist das keine echte Liebe. Aber das stimmt eben nicht. Die Liebe kommt auch durch das Wesentliche in uns. Wir Tiere können es nur einfacher gestalten und geben uns dem hin. Wir zweifeln nicht so viel an allem."*
und Bo fährt fort:
„Weißt du, wir hinterfragen unser Wesentliches nicht. Wir geben es einfach.
Wir spüren, was es ist. Wir erkennen euch. Wir lesen euch. Wir spüren euch. Es ist nicht unsere Dressur und das Abrichten von uns, das die Ergebnisse bringt, sondern unser Gespür. Leider spürt ihr es so oft nicht. Dann geben wir vergeblich. Auch das ist in Ordnung, es schmälert unseren Auftrag nicht. So, liebe Alex, jetzt hast du genug zu denken und ich habe genug erklärt."

Alexandra: „Danke dir, Bo. Es ist sehr wertvoll für mich!"

Bo: (Er zwinkert) *„Mach was draus! Du kannst das."*

Ich muss lachen, ich fühle mich gerade wie eine Schülerin, das denke ich, sage es aber nicht.

Bo: *„Ja, das bist du – eine Schülerin!“* (Er lacht)

Alexandra: „Du Kasperl!!!“

Bo: *„Immer gerne doch.“* (Er lacht und dreht sich langsam um und geht weg)

Da uns dieses Thema sehr wichtig war und ist, habe ich (Alexandra), ein vertiefendes Gespräch mit Bo angeschlossen.

Alexandra: „Hallo Bo, mein Großer, darf ich dich noch mal wegen unserem Buch sprechen?“

Bo: *„Hey, na klar!“*
Alexandra: „Wir sprachen bereits über das Wesentliche, das du mir mit Sinnhaftigkeit erklärt hast. Du sprachst auch über die Essenz.“

Bo: *„Ja, stimmt. Das Wesentliche hast du hoffentlich verstanden?“* (Er schaut mich fragend an)

Alexandra: (Ich lache) „Ja, das habe ich gut verstanden. Aber was meintest du mit Essenz? Mit ... das Essenzielle? Die Essenz?“

Bo: (Er schaut mich nachdenklich an) *„Das ergibt sich aus dem Wesentlichen, ist aber was anderes.“*

Alexandra: „Ja, so habe ich das verstanden.“

Bo: *„Was ist die Essenz alles Existierens?* (Er sinniert vor sich hin) *Die Essenz ist das, aus dem wir bestehen. Unsere Seele, unser ewiges Dasein in unterschiedlichen Formen. Die Essenz können wir in uns finden oder auch* *nicht. Wir Tiere finden sie, wir haben sie präsent. In fast jedem Moment wissen wir um die Existenz unserer Seele, unserer unsterblichen* (wie ihr es nennt) *Seele, unser Ich und unser Selbst. Kannst es nennen, wie du willst, Alex. Wir verdrängen unsere Essenz nie, wir schieben sie selten in den Hintergrund, wir leben mit ihr. Wir schalten sie nicht ab. Sie leitet uns, denn sie speichert alles, was wir erleben. Sie lässt uns wachsen, sie lässt uns aushalten, sie schützt uns mit ihrer Weisheit. Sie ist wie ein unendliches Gefäß, das liebevoll auf uns achtet. Wenn wir ihr zuhören, wenn wir sie fühlen, dann handeln wir richtig. Dann macht alles einen Sinn."*

Alexandra: „Aus deiner Sicht, Bo, wie machen das wir Menschen?"

Bo: (Er lacht auf) *„Das fragst du mich nicht im Ernst, oder?"*

Alexandra: „Doch ..."

Bo: *„Wann hört ihr auf eure Seele? Wie viele von euch glauben überhaupt an die Existenz der weisen Seele? Wir viele von euch haben Zugang zu ihr? Ist deine Frage damit beantwortet?"*

Alexandra: (Ich lächle ihn an, er stupst mich) „Nur zum Teil ..."

Bo: *„Ach, Alex, meinst du alles, was in dieser Dimension passiert, passiert, weil die Menschen so sehr auf ihre Seele hören? Eben nicht ..., wie viele von euch sind kalt,* *hart, zu weit weg von sich selbst ..., die Mehrheit! Bei uns Tieren ist das nicht so. Wir fühlen uns. Ihr fühlt euch gar nicht oder sehr selten. Egal, was mit uns geschieht, wir sind in Kontakt zu uns selbst, zu unserem inneren Wissen und wir vergessen nie, dass wir in der Essenz unsterblich sind. Dass wir alle Erfahrungen, gute wie schlechte, immer weiter in uns forttragen werden. Wir können auf unser immenses Wissen zurückgreifen, Wissen, das aus erfühlten Erfahrungen – und das ist sehr wichtig – gewachsen ist. Wissen, welches wir verinnerlicht haben, im Guten wie im Schlechten. Wir wissen, dass wir nie zu Ende gehen werden, egal, was wir erleben. Wir wissen jedes Mal, wenn wir uns aus einer Dimension verabschieden, dass wir weitergehen, auch wenn wir erst mal weggehen. Aber wir verschwinden nicht.“*

Ein Gespräch mit meinem Pferd, Peppy, der mit mir in dem Kontext auch über die Dimensionen und Vorleben mit seinen Aufgaben und seiner Essenz spricht:

Alexandra: *„Die andere Dimension, die nächste Dimension. Wenn du schon öfters da warst, kennst du die doch*

…" (Anmerkung: Es ist ein Auszug, hier geht es um das Jenseits)

Peppy: (nachdenklich) *„Ja, schon …, aber ich war da immer nur sehr kurz."*

Alexandra: „Kurz? Wie meinst du das?"

Peppy: *„Ich habe immer sehr viel zu tun gehabt, habe Aufgaben erfüllt und bin dann gleich weitergereist, wenn man das so sagen kann. Ich hatte viele unterschiedliche Aufgaben, nicht an alle erinnere ich mich wirklich, aber sie sind in mir abgespeichert. Sie sind meine Essenz, weißt du?"*

Alexandra: „Essenz? Wie meinst du das?"

Peppy: (Er schaut mich erstaunt an) *„Dass du das fragst, wundert mich. Meine Essenz ist das, was ich an dich weitergebe. Meine Aufgabe bei dir, auch wenn du sie nicht jeden Tag spürst. Und das, was ich an allen anderen Orten immer weitergegeben habe. An andere Gefährten, andere Aufgaben."*

Alexandra: „Was ist deine Aufgabe bei mir, Peppy?"

Peppy: (Er schaut mich nachdenklich und liebevoll an) *„Erinnerst du dich, als ich gekommen bin? Du fandest mich spannend, hattest Sorgen, ob du mit mir klarkommen wirst. Ich war ja völlig durcheinander durch mein Leben davor. Da habe ich meinen Sinn, meine Essenz nicht gefunden. Ich habe alles gegeben und war sehr gut in dem, was ich gemacht habe. Sie waren sehr* *zufrieden mit mir, obwohl sie mir nie ganz vertraut haben. Ich habe aber nicht verstanden, wo die Essenz geblieben war. Ich habe sie fast nicht mehr gespürt. Es war anstrengend und es war schwierig, aber – wie in meinen Existenzen zuvor – war ich stark und meist besser als die anderen. Es war aber nicht meine Essenz.* (Er schweigt, denkt nach) *Essenz, ja, wie soll ich das erklären ..."*

Alexandra: „Aufgabe? Job? Auftrag? Meinst du das?"

Peppy: (Er schüttelt den Kopf) *„Nicht ganz. Es ist mehr! Es ist unsere Seele, die etwas geben möchte und einen Adressaten sucht. Den, für den das alles bestimmt ist. Wir suchen, bis wir es gefunden haben. In jedem einzelnen Leben. Es ist mehr als ein Ankommen und dann Erledigen. Es ist ein Seelenauftrag, wobei ich das mit dem Auftrag nicht mag."*

Alexandra: „Wie tief geht das denn?"

Peppy: *„Sehr sehr tief. Es ist eine Botschaft, die ihr lernen und verstehen sollt. Die wir euch – und nur für denjenigen – mitbringen. Etwas, das ihr über das Leben lernen sollt, um ganz zu werden. Eine Einheit mit euch selbst."* (Er schweigt, denkt nach, ich warte, er steht ganz ruhig, ganz nah bei mir, alles drum herum interessiert ihn gerade nicht, er ist tief versunken und ich warte still ab)

Peppy: *„Schau mal, ich weiß sehr viel über dich. Du weißt nur aus dem jetzigen Leben über mich.*

Den Rest kann ich dir erzählen, aber das ist nicht wichtig. Ich erinnere mich an die meisten meiner vorherigen Existenzen, du erinnerst dich gar nicht oder nur in Stücken. Das ist ein Unterschied zwischen uns, der mich weiser als dich macht. In mein Leben hier ziehe ich alle vorherigen Existenzen und Erfahrungen mit rein. So bin ich weise und weitsichtig. So kann ich spüren, was du nicht spüren kannst. Aber ich kann dich spüren lassen, was für dich wichtig ist, wenn du dich auf mich einlässt. Und das hast du getan. Gehen wir wieder an den Anfang, als ich zu dir kam. Ich weiß schon, dass du mich nicht gesucht und gewählt hast. Das haben andere für dich getan. Das war richtig so. Ich wusste, als ich bei dir ankam, dass ich jetzt an dem Ort bin, an dem ich sein muss. Ich wusste, was meine Aufgabe bei dir ist. Als ich dich gesehen habe, war alles klar." …
Jetzt weiß ich das richtige Wort, das Essenz noch besser erklärt. Botschaft!

Alexandra: (ich lächle) **„So soll unser Buch heißen. Also der Untertitel, die Botschaften der Tiere an uns Menschen, wenn wir ihnen zuhören!"**

Peppy: *„Was war meine Botschaft an dich?"*

Alexandra: (Ich denke nach) „Geduld zu haben, langsam Vertrauen aufzubauen, Vertrauen nicht zu enttäuschen …, so etwas?"

Peppy: *„Was ist meine Botschaft an dich?"*

Alexandra: „Heute?"

Peppy: *„Ja, heute und schon immer …“*

Alexandra: „Mach es nicht so spannend …, weißt du es genau?“

Peppy: *„Ja, ich denke schon! Meine Botschaft und das, was du von mir gelernt hast, ist, dass Ruhe Kraft gibt, dass Vertrauen wächst, wenn es genährt wird, dass zusammengehört, was zusammenwachsen kann. Dass du deinem Bauch mehr als deinem Kopf vertrauen kannst. Dass alles kommen wird, wie es kommen muss und soll. Dass du Aufgaben erst dann bekommst, wenn du bereit bist, sie zu bewältigen, dass wieder geht, was nicht zu dir gehört. Und das kommt, was kommen muss …“*

Sabines Hermès weiß um seine Verbindung zur geistigen Welt und geht damit ganz selbstverständlich um, er sieht es als normal an.

Er sagte zu mir (Alexandra) über seine Aufgabe, dem Wesentlichen, in seinem bisherigen und dem gemeinsamen Leben der beiden:

Hermès: (Er schaut mich verwundert an) *„Ist das wichtig? Nein, das ist es nicht. Ich habe meine Aufgaben und ich war schon oft hier. Ich bin eine alte Seele, die vieles weiß und noch mehr sieht. Das ist wichtig. Du kommst mir ja schon vor, wie einer dieser typischen Menschen, die nach Besonderem suchen!"*

Alexandra: „Sabine und ich schreiben ein Buch. Das weißt du ja. Wie siehst du uns Menschen und die Welt, in der du lebst?"

Hermès: (Er entspannt sich) *„Das sind schöne Themen! Also, ich lege mal los, okay?“*

Alexandra: (Ich lache und setze mich auf den Boden) „Ich lausche aufmerksam, Hermès!“

Hermès: *„Ihr Menschen! Weißt du, was ihr am schnellsten vergessen habt? Dass ihr alle nicht immer Menschen wart, so denn ihr schon mal hier gewesen seid. Es gibt unter euch auch neue Seelen, aber viel mehr alte Seelen. Und irgendwie habt ihr nicht präsent, dass ihr alle das kaputt macht, von dem nur ihr Menschen glaubt, es wieder reparieren zu können. Die Welt, in der ihr lebt, ist euch nicht genug wert. Die Menschen, mit denen ihr lebt, sind euch nicht genug wert. Ihr meint, ihr könnt alles reparieren. Aber das könnt ihr nicht. Von uns Tieren will ich gar nicht erst reden. Auch wir sind euch oft nicht genug wert. Eure Seelen verhungern, euer Geist verkümmert, weil ihr die Essenz des Lebens nicht spürt. Ihr rennt und schaut dabei nur nach vorne, nie zur Seite. Ihr rennt an so vielen Dingen vorbei, ohne sie zu sehen, ohne sie zu spüren, ohne sie wahrzunehmen. Und wofür? Ich habe keine Ahnung. Aber ich weiß, dass ihr so seid. Ich war auch mal Mensch und war genauso. Das ist lange her, aber es ist auch schon lange so. Heute als Pferd sehe ich vieles anders.*
Wir Tiere kümmern uns auch um uns und unsere Mit-Tiere. Aber anders. Wir können uns meist nicht mehr so kümmern und verhalten, wie wir eigentlich sind, das liegt auch wieder an euch Menschen, die ihr so nahe an

uns rangekommen seid, weil ihr uns braucht. Ihr braucht unsere Seele, unsere Spiegel, wie ihr es nennt. Das geben wir euch gerne, aber das reicht nicht für euch! Ihr braucht noch mehr! Ihr braucht Erkenntnis, Wahrhaftigkeit, Gefühl, vor allem Gefühl. Es mag mir nicht gelingen, zu verstehen, wie ein Lebewesen Gefühle so abschalten kann, wie ihr Menschen das könnt. Es ist aber das Gefühl füreinander, dass uns voranbringt, nein, voran ist das falsche Wort, es geht nicht um voran! Es geht um Miteinander, um Einander-nahe-zu-sein, um Erkenntnis, ja um Erkenntnis geht es. Kannst du die Frage beantworten, warum du da bist? Okay, so wie ich dich sehe, kannst du es vielleicht jetzt mal so langsam. Aber wo bist du die vielen Jahre gewesen, die du diese Frage sicher nicht beantworten konntest."

Alexandra: „Die Frage, warum wir hier sind, wie beantwortest du sie?"

Hermès: (er schaut mich lange, konzentriert an) *„Ja, wie beantworte ich sie ..., ich bin sicher nicht hier, um im Kreis zu laufen und einen Menschen zu tragen. Das ist mein Job, ob ich es mag oder nicht. Das ist das gemeine Leben, also ohne große Tiefe. Die tiefe Erkenntnis, warum ich hier bin, als Hermès, in diesem Stall und bei Sabine, ist eine ganz andere. Die Welt muss sich immer weiter entwickeln, in die eine oder die andere Richtung. Sie steht nie still. Und so stehen auch wir nie still. Wir entwickeln uns ..., jeden Tag ..., jede Minute und Sekunde. Unsere Gefäße, also unsere Körper, wer-*

den älter und irgendwann verlassen wir sie, dann kommen die meisten von uns wieder, Mensch wie Tier, wie jedes andere Lebewesen und dann beginnt eine neue Entwicklung wieder bei null. Nein, nicht bei null, sondern bei dem Punkt, wo sie vorher stehengeblieben ist. Ob es eine Entwicklung ist, die sinnstiftend und von Erkenntnis geprägt ist, hängt vom Lebewesen ab.
Manche sind dazu hier, sich eben nicht weiterzuentwickeln. Sie reden und sprechen viel davon, aber sie tun es nicht. Sie drehen immer die gleichen Schleifen. Damit nehmen sie anderen viel Kraft."
Alexandra: „Warum, meinst du, ist das so?"

Hermès: (nachdenklich) *„Ich weiß es nicht ..., ich weiß nur, dass man diese Lebewesen erkennen kann. Du kannst sie unzählige Male treffen, in den verschiedensten Gewändern, und du wirst jedes Mal merken, dass sich nichts geändert hat, dass sie genauso unbewusst sind, wie in den ganzen Erscheinungen davor. Nachdem das immer wieder so ist, denke ich, soll es so sein. Den Sinn und Grund habe ich noch nicht erschlossen. Vielleicht muss ich das auch gar nicht."*

Alexandra: „Ich denke nicht, dass du dafür zuständig bist. Kannst du dich von ihnen fernhalten oder sind das die, die versuchen, alles bei dir abzuladen?"

Hermès: *„Unter anderem ja! Weißt du noch was? Vielleicht verstehst du mich dann besser: Wir Pferde, also ich rede jetzt mal nur von uns Pferden, wir tragen gerne eure Körper auf unserem Rücken. Na ja, nicht immer so*

gerne, aber wir machen es eben. So! Das heißt aber nicht, dass ihr eure Themen auch noch auf uns abladen sollt. Es ist ja in der letzten Zeit – also Zeiträume definiere ich anders als du, also schon lange, meine ich – total oft so, dass ihr Menschen meint, ihr kommt fix und fertig zu uns, manche toben sich dann auf uns aus, anderen quatschen uns ein Ohr ab, die nächsten heulen rum. Alles gut! Wir sind da und stützen euch! Aber wir können das nicht aushalten, wenn ihr das dauernd macht und ohne Erkenntnisse immer wieder das Gleiche! Dann werden wir entweder grantig, das ist noch okay, oder wir werden mehr als grantig, dann kann es gefährlich werden, weil wir so groß sind und die Spannung ja irgendwo hinmuss, die wir für euch tragen. Oder wir werden irgendwann selbst krank, nur um aus der Situation rauszukommen. Kann das richtig sein? In jedem der Fälle, die ich dir gerade gesagt habe, zahlen wir! Sozusagen! Und Ihr? Ihr habt dann immer noch nichts für euch geändert. Aber darum geht es doch!
ERKENNTNISSE!
Das ist das Zauberwort. Wenn es denn nur magisch wäre ..."

Alexandra: „Okay, Großer! Bei dem, was du sagst, ist sehr viel Kluges dabei. Das muss ich jetzt erst mal durchdenken."

Hermès: *„Ja, mach das. Und dann erzählt es den Menschen. Wir Tiere können ja nicht so lernen wie ihr. Wir lernen anders und sind leider viel beengter in unseren*

Ausdrucksmöglichkeiten. Allein schon durch die Art und Weise wie Menschen und Tiere hier zusammenleben.

Aber das ist auch gut! Wenn wir alle völlig frei leben würden, dann hätten wir kaum Kontakt, denn nur durch den können wir euch Dinge näherbringen. Dann würden nicht einmal die Wenigen, die jetzt kapieren, was lernen oder sich auch nur anschauen!"

Alexandra: „Hättest du denn eine Idee für eine Lösung?"

Hèrmes: (nachdenklich) *„Nein nicht wirklich. Weißt du, viele von euch heute hier lebenden Menschen waren mal Tiere wie wir und ich heute. Aber wenn sie dann Mensch sind, vergessen sie das alles. Sie wissen es wirklich nicht mehr. Und dann sind sie am liebsten so, wie alle anderen Menschen rundum auch. Sie lernen voneinander immer wieder die gleichen falschen Sachen.*
Aber – ehrlicherweise – ist das bei vielen Tieren auch so. Denk mal an die Elefanten in Indien, die über Generationen immer wieder das gleiche Dorf angegriffen haben, obwohl jedes Mal einige von ihnen umgekommen sind. Das war super blöd, obwohl Elefanten sehr schlau sind, aber sie haben es immer von den vorherigen gelernt und einfach nicht kapiert, dass es Blödsinn ist. So kann es gehen, siehst du?"

Zu Jalys Wesentlichem, ihre Aufgabe in meinem Leben und für mich (Sabine), ließ sie mich Aufschlussreiches wissen. Das Beispiel zeigt, wie klar die Tiere ihre Aufgabe für den Menschen, zu dem sie kommen, kennen: Durch ihr Kommen in mein Leben war es wie ein Öffnen für neue Konzepte und Möglichkeiten – und auch ein Öffnen für größere Zusammenhänge vom Leben. Durch sie kam viel mehr Selbstliebe in mein Leben und auch Sicherheit. Das war ihre Aufgabe für unsere Verbindung gewesen, wo sie mich unterstützen konnte, soweit es meine Seele zugelassen hat.

Ein anderes schönes Beispiel zur Lebensaufgabe von Black. Ein Pferd, das ich (Alexandra) sehr gut kannte. Hier hat der Bezugsmensch es leider nicht erkannt. Das Pferd geht in die Annahme, es wird nicht als Versagen empfunden, wenn die Mission nicht gelingt.

Black: *„Ja, meine Aufgabe war es, meinem Menschen Vertrauen und Loslassen zu zeigen, aber er hat es nicht verstanden, er wollte immer alles, aber wirklich alles (!) kontrollieren.*
Das ging schon mit der anderen Stute nicht gut, dann kam ich und bei mir konnte er es auch nicht."

Alexandra: „Du siehst es aber nicht als dein Versagen an, dass er es nicht gelernt hat?"

Black: *„Aber nein, woher denn!!! Er hatte mehrmals die Chance und hat es nicht gemacht. Das ist nicht mein Versagen, es ist nie unser Versagen, es ist das Nicht-*

Können des anderen. Wir geben immer alles, was wir geben können. Außerdem, entschuldige, was ist das für ein Wort: Versagen! Kannst du das bitte mal streichen? Das passt in unserem Zusammenhang nicht. Gar nicht!"

Alexandra: „Okay, da hast du wohl recht! Du meinst also, ihr erkennt eure Aufgabe bei den Menschen und gebt alles, um ihnen das zu zeigen, was sie nicht machen oder können."

Black: *„Alex, wir sehen das ohne Wertung. Also, mein Beispiel: Mein Mensch hätte – ich sage hätte – alle Chancen, sogar mehrere gehabt, Loslassen und Vertrauen zu erfahren. Auf eine sehr dynamische Art und Weise, die er eigentlich mochte. Er hat sich aber dagegengestellt, weil er nicht loslassen und nicht die Kontrolle abgeben konnte. Das hat er einfach nicht gemacht, warum auch immer. Warum meinst du wohl, hat er dreimal hintereinander Pferde bekommen, die genau das verlangt und erfordert hätten? Erst der riesige Wallach, gut, der war echt verrückt und hatte eigene Themen, dann die alte Zuchtstute, die Güte schlechthin, und ich, sehr athletisch, sehr gut ausgebildet und absolut sicher für den Reiter. Er hat das immer gesucht und bekommen und dann nicht mehr gewollt. Und warum meinst du, war das so? Hast du das verstanden?"*

Alexandra: „Nein, ich habe das nie verstanden. Okay, der Wallach war auch für andere gefährlich. Sie, die Stute war sehr sehr schnell, aber vertrauenswürdig, absolut! Und du, na, ohne Zweifel eines der wunderbarsten Pferde, das ich je reiten durfte."

Black: *„Ich habe es aber verstanden, warum er es nicht gemacht hat. Er wollte einfach nicht, er wollte, dass die Welt so ist, wie er sich das denkt, er war nie bereit, von eingeschlagenen Wegen abzuweichen und sich selbst infrage zu stellen. Und so sind viele Menschen, aber nur wenige Tiere. Das ist der große Unterschied."*

Alexandra: „Ihr stellt euch infrage?"

Black: *„Nein, das müssen wir nicht. Weil wir uns nicht zum Maßstab erheben!"*

Alexandra: „Oh, das ist hart, aber wohl wahr ..."

Black: *„Ich sehe du verstehst, was ich sagen will.* (Sie pustet mich sanft an, wie früher, mir kommen gleich wieder die Tränen) *Hör doch mal auf, so berührt zu sein, das warst du früher auch schon. Bist du nicht größer geworden?"* (Sie zwinkert mir frech zu)

Alexandra: (ich muss lachen) „Nein, wahrscheinlich nicht! Okay, ich reiße mich zusammen. Es ist ganz schön hart, was du sagst."

Black: *„Ist es nicht, es ist einfach wie es ist. Viele von uns stellen euch vor Aufgaben, die ihr nicht versteht oder nicht annehmen wollt oder könnt, was weiß ich. Es ist nicht unsere Aufgabe, das zu werten und das tun wir grundsätzlich nicht.*

„Wenn du und deine Freundin
den Menschen näherbringen könnt,
dass wir immer eine Botschaft
für euch haben, egal was passiert,
dann sind wir schon
einen großen Schritt weiter.“

Weißt du, trotz allem habe ich damals meinen Menschen liebgehabt. Er hat zwar nichts verstanden, aber das machte ihn nicht zu einem Menschen, den ich nicht mochte. Ich kannte die alte Stute ja auch, und sie hat das genau so gesehen. Wir haben unser Bestes gegeben, mehr war nicht notwendig. Alles andere war sein Anteil.“

Alexandra: „Das ist erstaunlich, wie du das sehen kannst.“

Black: *„Alex, oft haben wir nicht so ein großes Glück wie damals. Oft können wir unsere Botschaft nicht vermitteln und haben dann zu leiden. Wir nehmen das an, weil wir wissen, dass es endlich ist und danach was Neues und meist anderes kommt. Wir haben bei euch nie gelitten, ihr wart immer da und habt auf uns geachtet. Nein, ihr habt nicht nur auf uns geachtet, ihr habt uns geachtet! Siehst du den Unterschied? Das ist so viel, mehr könnt ihr uns nicht geben.“* Das Pferd spricht für die Tiere über Respekt und Achtung als Botschaft an die Menschen:

*„Wichtig ist, dass ihr uns achtet.
Bringt das an die Menschen,
dann ist alles getan, meine Liebe!"*

Die Achtung und Wertschätzung der Tiere, was für eine Mission, das Menschen vermitteln zu sollen und zu dürfen. Solche Momente, Botschaften sind der Grund, warum wir für die Tiere unser Buch schreiben.

Ein weiteres Beispiel, wie souverän ein Tier mit dem Wesentlichen umgeht, auch wenn der Bezugsmensch es nicht realisiert hat. Ich sprach zu diesem Thema mit Vicky, einer vor mehreren Jahren verstorbenen Schäferhündin.

Alexandra*:* „Vicky, ich weiß nicht, wo du gerade bist, aber kannst du mir deinen Blick auf uns Menschen erklären?

Vicky: *„Oh, gleich so ...! Ganz offen, liebe Alex, ihr braucht alle dringend Hilfe. Ihr habt den Weg so total verloren. Ihr oder die meisten von euch sind haltlos. Ich habe das gerade ganz stark erlebt und gespürt. Ich konnte nichts machen, weil man mich gar nicht gesehen hat. Alles war lange in Panik, aufgelöst und ohne Ordnung.* (Sie schüttelt den Kopf) *Ich wollte es echt nicht glauben! Erst als dann jemand gestorben ist, konnten sie ihre Haltlosigkeit in die Trauer bündeln. Und in die Wut. Darin haben sie sich gespürt. Und dann ..., dann kam das, was kommen musste. Sie sind alle zusammengebrochen. Schier zerfallen. Dann kam jemand und hat mich abgeholt. Das war gut für mich, denn ich hatte nichts mehr zu fressen und wurde krank von dem ganzen Chaos. Ich hätte helfen können und sollen, aber sie haben mich nicht wahrgenommen. Tja ...“*

Alexandra*:* „Vicky, wie ist es dir dann ergangen?“

Vicky: *„Ich kam an einen Ort, an dem viele andere Tiere sind und da haben sie sich um mich gekümmert und kümmern sich bis heute um mich. Ich bin immer gut gelaunt, weißt du? Deshalb mögen mich alle.“*

Alexandra: „Geht es dir gut?“

Vicky: (Sie lächelt) *„Ja, es geht mir gut. Ich bin schon alt und brauche nicht mehr viel. Alles, was ich brauche,* *bekomme ich hier. Hier gibt es andere, die sich nicht gut fühlen.“*

Alexandra: „Wie ist es für dich, dass die Menschen, bei denen du warst, so haltlos waren?“

Vicky: *„Das war schwierig ..., ich hätte jederzeit böse werden können, aber das bin ich nicht. Es hätte nichts*

geändert. Sie waren nicht zugänglich. Dann waren sie so mit sich beschäftigt, dass sie sich nicht mehr um mich gekümmert haben. Konnten sie dann irgendwann auch nicht mehr."

Alexandra: „Was hättest du ändern können, wenn sie dich wahrgenommen hätten?"

Vicky: *„Ich hätte ihnen Halt geben können. Sie beruhigen und ihnen zeigen, dass die Welt nicht verschwindet und alles kaputt geht. Das haben sie geglaubt und sich in diesem Glauben verloren ... Dadurch haben sie alles schlimmer gemacht. Sie haben keine Kraft mehr für nichts gehabt. Sie haben nicht mehr gesehen, was um sie rum vor sich geht, sie haben auch das viele Schöne nicht mehr gesehen. Nur noch ihr eigenes Elend. Das jeden Tag größer wurde, ist klar, oder?"*

Alexandra: „Ja, das verstehe ich. Wie ist es für dich, dass du nicht gesehen wurdest?"

Vicky: *„Da gibt es zwei Seiten. Die eine ist, dass ich nichts erreichen konnte, also ihnen nichts geben konnte, weil sie nichts angenommen haben. Das andere ist, dass sie mich vernachlässigt haben. Da wusste ich, dass es nicht ewig dauern wird, daher war es auszuhalten."*

Alexandra: „Ist es schlimm für dich, dass du nichts erreichen konntest?"

Vicky: (Sie denkt kurz nach) *„Nein, ist es nicht."*

Alexandra: „Du empfindest das nicht als dein Versagen?“

Vicky: (empört) *„Aber woher denn? Das gibt es grundsätzlich nicht. Das ist Menschen-Denken. Du wirst doch sicher schon gehört haben, dass wir das ohne zu urteilen sehen. Das Angebot war da und ist da, aber die meisten von euch nehmen es eh nicht wahr. Aber das liegt nicht an uns. Wer uns wahrnimmt und all das spürt, was wir geben können, der nimmt es vielleicht an. Andere eben nicht.“*

Alexandra: „Danke dir, liebe Vicky.“

Da ist es wieder ..., so deutlich und so heilend: Das völlig wertfreie Betrachten ihrer Menschen. Ihre Aufgabe, mit der die Tiere in unser Leben kommen und die Verwirklichung.
Zwei – manchmal – völlig unterschiedliche Dinge, die sie ohne Bewertung annehmen. Sie werten nicht, sie urteilen nicht, und sie zermartern sich nicht den Kopf, grübeln darüber endlos nach. Sie geben ihr Bestes, um ihre Aufgabe zu erfüllen, gelingt es ihnen nicht, gibt es keine Verbitterung, kein Versagen, keine negativen Gefühle und Aspekte. Sie nehmen in großer Liebe hin, dass der Mensch ihre Botschaft nicht erkennen und annehmen kann.

3.2

Tierkommunikationsbeispiele ihrer persönlichen Botschaften für ihre(n) Menschen

Unser Buch handelt von den Botschaften der Tiere an die Menschheit oder an ihre Menschen. Wir schreiben ausdrücklich keinen Ratgeber, der davon handelt, die Bedürfnisse der Tiere im Umgang der Menschen mit ihnen zu beschreiben. Wir sind keine Tiertrainer oder Tierpsychologen. Jedoch ist es ein Kernbereich meiner (Alexandra) Arbeit, das Verhältnis der Tiere und ihrer Menschen zu verbessern, zu erleichtern und vor allem zu erklären. Es ist vor allem Sabine von Anfang an ein großes Anliegen gewesen, mit diesem Buch auch einen Blick auf die Botschaften der Tiere an ihre Menschen zu beschreiben.
Botschaften, die nicht das große Ganze beleuchten, sondern ganz individuell Themen zwischen dem einen Menschen und dem einen Tier.

Im Laufe der Arbeit an unserem Buch ist es uns ein Anliegen geworden, zumindest in einem Kapitel auf einige beeindruckende Gespräche einzugehen. Viele weise Lehren und Handlungsempfehlungen haben Allgemeingültigkeit für viele andere Menschen in deren Leben.

Mich (Sabine) haben die persönlichen Botschaften meiner Tiere (Neo, Jaly, Hermès und Nilya) wie ein Auftrag von ihnen motiviert und inspiriert, dass wir mit diesem Buch einen sehr persönlichen Einblick geben, was unsere Tiere Wertvolles und Lehrreiches zu sagen haben, wenn wir ihnen eine Stimme geben.

An dieser Stelle greife ich eine persönliche und für mich auch Jahre später noch wichtige Botschaft von meinem Neo auf:

„Ich weiß, dass du in deinem Leben schon viel durchmachen musstest. Du hast viel losgelassen, dich viel verändert und bist auch viel enttäuscht worden. Vergib all denen, die dich enttäuscht haben und vor allem, vergib dir, denn du bist ein großartiger Mensch. Ich hätte mir an meiner Seite keine bessere Seele vorstellen können. Vergib dir, denn du meisterst dein Leben wie eine Meisterin. Du gibst nie auf. Verschließe dein Herz nicht, sondern öffne es noch mehr. Ich bin im Reinen mit mir und dir und wünsche mir nichts mehr, als dass du glücklich bist und wieder lachen kannst. Sei spontan und brich aus deinen Paradigmen aus. Mach mal was Verrücktes und glaube an das Universum."

Im Januar 2023 aus einem Gespräch
mit Denise Schmidke:

„Wir (er meinte meine Tiere) *sind immer an deiner Seite und geleiten dich durch das Leben, mit allen Höhen und Tiefen. Tiefen sind nicht negativ zu werten, niemals, sie machen dich stark und sie lassen dich auf allen Ebenen wachsen. Lerne nur, diese nicht als Strafe anzusehen, sondern nimm sie an und sage dir – okay, so what. Ich komme da durch, egal wie und es gibt immer eine Lösung, es gibt immer ein Weiterkommen."*

Nach dem Tod von meiner Hündin Jaly (hier an ihrem geliebten See) übermittelte Neo mir eine tröstende Botschaft in der Zeit, als ich noch um die Hündin trauerte: *„Es war von Liebe geprägt, aber auch von Trauer, somit mit Wachstum, vergiss das nicht, meine Liebe. Es ist dein Wachstum, das stattfand.“*

Denise sagte in einer Tierkommunikation zu Neo, dass ich großes Glück habe, ihn und Hermès zu haben, beide würden so tolle Tipps und wichtige Denkanstöße geben. Hier ging es auch um die für andere Menschen und die Menschheit an sich.

Neo darauf: *„Das liegt einzig und allein daran, dass Sabine zu unserer Familie gehört, sie ist eine Aufgestiegene im persönlichen Wachstum. Deswegen hat sie uns Tiere an ihrer Seite. Wir sind ihr viele Schritte, vielleicht Meilen, voraus, aber das ist okay. Ihre Grundsubstanz ist dieselbe wie unsere. Sie ist auch toll, sie möchte ja weiterkommen und lernen. Doch darf sie auch loslassen, was einfach alt ist, was weg und was sich verabschieden darf."*

Denise fragte nach, was das beispielsweise sei.

„Nicht in alten Mustern zu wühlen, Neues erfinden oder nicht erfinden, das heißt dann offen zu sein für Neues.“

Diesen persönlichen Rat nehme ich in unserem Buch auf, da es viele Menschen betreffen wird, die sich hierbei ebenso angesprochen fühlen und von der Weisheit der Tiere lernen können. So wir das Glück haben, dass sie und wir selbst Teil einer Seelenfamilie sind, verbringen wir Lebensphasen gemeinsam über die Inkarnationen hinweg verteilt zusammen.

Sabine Bierenstiel sah in einem Coaching-Termin, den wir beide für mich zusammen hatten, einmal das Bild von einem Mann mit umgekehrt aufgesetzter Baseballkappe. Sie richtete mir aus, der Mann sei um die 50 und wolle mir helfen. Ich kam nicht darauf, wer es sein könnte. Ich ließ Neo von Denise fragen, ob er mir helfen kann, um welchen Mann es ginge.

„Ich, bin das gewesen. Ich war zu der Zeit als Mensch inkarniert, das Bild, das ich schickte. Sabine kannte mich nicht bewusst, wir begegneten uns und lächelten uns an. Im Grunde bin alles ich, denn es ist die Seele, die zählt und alles ist eins.“

Neo kommentierte das sehr verbreitete Thema und die Gefühlslage der Selbstzweifel.

Diese Aufforderung, die Neo an mich und auch an die Menschen richtete: *„Liebe Sabine, geh da raus, das wünsche ich mir für dich. Geht alle da raus, durch die Tür raus und schreit, öffnet eure Arme, seid präsent und liebt das Leben! So geht doch vieles einfacher, damit habt ihr den Schlüssel zum Glück.*

Ich möchte, dass du an dich glaubst, meine geliebte treue Menschenfreundin.
Der Glaube an dich selbst fällt dir schwer und das ist doch sowas von überhaupt nicht nötig, denn du kannst was, du bist was – und vor allem bist du gut, so wie du bist. Du bist ein Geschenk für die Welt, also rocke das Leben. Wir rocken es mit dir.“

Für unsere Leserschaft erlaube ich mir an dieser Stelle den Hinweis, dass er hier von den vorausgegangenen beiden Tieren spricht, die mich aus dem Jenseits oder Spirit weiterhin unterstützen und energetisch und in Liebe mit mir verbunden bleiben, und die beiden Tiere, die jetzt bei mir leben.
Meine erste Hündin, Jaly, kam am 03. Mai 2022 zu mir. Sie wurde durch die Tierschutzorganisation Vergessene Pfoten e. V. aus einer Tötungsstation in Kasachstan gerettet. Zuvor war sie ungefähr vier Jahre nur in einem Zwinger eingesperrt, damit Menschen mit üblen Absichten (an dieser Stelle ist die Bewertung ob des Missbrauches der Hündinnen angemessen) mit ihr Labrador-Welpen ‚produzierten‘, um diese zu verkaufen. Unsägliche Bedingungen, wie im Winter draußen in der Kälte, immer frierend.
Nach ihrer Ankunft in Deutschland wurde sie untersucht und leider ein Knochentumor diagnostiziert. Eine Krankheit, die nicht heilbar ist, mit kurzer verbleibender Zeitspanne aufgrund der Art des Krebses. Bevor Jaly dann ein paar Tage später bei mir war, beauftragte

ich Denise Schmidke mit ihr zu sprechen. In der Kommunikation bat Jaly Denise, ihr ein Bild von mir zu schicken (Anmerkung: Das funktioniert über Imagination, Visualisieren – und Telepathie für die Übertragung).

„Oh wir passen aber gut zusammen."

Jaly schickte gleich ein imaginiertes Bild von ihr und mir zurück, wie wir nebeneinanderstehen. Als Botschaft für Menschen, die mit ihr Kontakt haben und für mich sagte meine Hündin*: „Mir ist es wichtig, mich nicht zu bemitleiden, ich möchte als vollwertiger Hund angesehen werden. Einfach neu zu starten, das wünsche ich mir. Denn, wenn ich bemitleidet werde, dann würde ich immer an meine Vergangenheit erinnert werden, und das möchte ich nicht. Ich möchte abschließen und nach vorne blicken, für die Zeit, die mir noch geschenkt wird."*

Sie hatte so eine Lebensfreude in ihrem neuen geschenkten Leben. Gras und Wasser kannte sie nicht und war wirklich verzückt darüber. Ihre Würde und diese demütige dankbare Einstellung für ihre Rettung und wissend um ihre Krankheit und Lebenserwartung, berühren mich sehr, das ist immer noch so.
Man konnte es ihrem Gesichtsausdruck ansehen, wie viel Freude sie hatte. Diese Hündin hatte mir Neo für meine Herzöffnung geschickt. Es war kein Zufall, dass sie – auch wenn der Weg weit war und sie aus einem fernen Land nach Deutschland zu mir kam.

Jaly lies mir u. a. sagen: *„Bleibe fokussiert und achte auf deine Bedürfnisse, höre in dich hinein, was du brauchst, und dann gebe dir das, auch damit du ganzheitlich heilen kannst. Du bist toll, also erkenne dich dafür an, für das, was du bist und für das, was du täglich leistest. Ich bin stolz auf dich."*
„Die fünf Monate, in denen ich mit Sabine zusammen war, sind die schönste Zeit in meinem Leben gewesen, weil ich zum ersten Mal geliebt wurde. Ich musste mit Sabine zusammen etwas entwickeln, weil da etwas Größeres entsteht – und das zum Wohle von vielen Menschen, die bereit dafür sind. Hier entsteht eine Heilenergie, die ihren Geist und ihren Körper in eine neue Magie bringt. In der Zeit mit mir hat Sabine einen Bewusstseinssprung gemacht. Das Wichtigste war für mich, dass ich bis zum letzten Moment gewertschätzt wurde. Dafür empfinde ich ganz viel Liebe, Dankbarkeit und Seelenfrieden."

Ihre Seele war leicht und frei, als sie ging. Das hat mich so sehr gefreut und tief berührt, in der Trauer wegen des Verlustes, dass ich ihr mit meiner Fürsorge und Liebe das Gefühl schenken konnte. Es war eine große Herausforderung, diese Gnadenstelle, wie es im Tierschutz heißt, anzunehmen. Ich möchte keinen Tag missen. Eine ganz besondere Hündin, die ich haben und erleben durfte. Jalys Würde war ganz besonders, ihr Stolz. Sie wollte selbst gehen, auch wenn es ihr mit dem

Tumor an ihrer rechten Schulter und in dem Vorderlauf schwerfiel.

Ich sagte ihr einmal, dass ich ein Hotelzimmer habe für ein Wochenende, das war im ersten Stock und ich würde sie rauftragen müssen.

„Wieso, ich will selbst laufen. Ich kann doch laufen, nicht gut, aber ja ...“, war ihre klare Antwort. Ihre Unabhängigkeit war ihr sehr wichtig, endlich in Freiheit.

Meine Hündin Nilya gab und gibt mir sinnvolle Empfehlungen: *„Bleib bei dir, egal was, was andere sagen.“*
Bezogen auf mein bisheriges Leben und ‚Altlasten‘ kam ein sehr weiser Rat: *„Du darfst loslassen, was dich noch daran hindert, dein volles Potenzial zu entfalten.“*

Sie wünscht sich, dass ich mehr zu mir finde. Ich soll mehr auf die kleinen Dinge und Botschaften achten, damit es nicht so einen extremen Hammer braucht, wie den Knochenbruch, mit Krankenhaus und Reha und dem ganzen Programm.
Sie sagte in der gleichen Tierkommunikation über mich: *„Sabine kann so feinfühlig und sensibel sein und muss einfach viel mehr hinhören und hinschauen. Manchmal – in der Hektik des Alltags und dem ganzen Drumherum wird es oft weggeschoben. ‚Ach, das mach ich später oder morgen.‘ Es zeigt sich oft in kleinen Dingen, und wenn man nicht genau darauf achtet, dann kommen eben so große Aktionen, die einen komplett ausschalten. Achte mehr auf dich, ich brauche dich doch!“*

Weiter riet sie mir: *„Beschäftige dich wieder mehr mit den Dingen, die man nicht sieht und die man genauer hinterfragen kann. Versuche, hinter die Dinge zu blicken und die Botschaften dahinter zu verstehen, damit Heilung geschehen kann."*

Nach ihrem Wunsch gefragt, antworte Nilya: *„Ich wäre gerne mehr dabei – also überall! Mich kann man doch wirklich überall mit hinnehmen. Und ja, ich würde gerne mehr gehört und gefragt werden. Manchmal seht ihr Menschen den Wald vor lauter Bäumen nicht, und die Antwort wäre so einfach und liegt immer genau vor einem – nur ihr könnt sie nicht sehen. Wir Tiere suchen euch Menschen ja nicht ohne Grund aus, so wie ich dich, Sabine, denn wir wissen genau, welches Potenzial in euch liegt. Ihr müsst euch nur darauf einlassen und euch vertrauen.* ***Ich hätte so viele Impulse und Botschaften für dich – für euch Menschen! Ihr müsst euch nur trauen****."*

Auch von Nilya kommt die Aufforderung, hier ihr Wunsch, dass die Menschen auf die Impulse und Botschaften ihrer und von Tieren hören – und sie dann auch beherzigen.

Diese Offenheit erfordert Mut, denn es kommen auch kritische Erkenntnisse und durchaus in der Umsetzung herausfordernde Empfehlungen von den Tieren.

Mein (Sabine) Pferd, Hermès, zeigte mir vor zirka zwei Jahren folgende Botschaft auf: *„Es hat nichts mit ändern zu tun, Tierkommunikation ist auch eine Innenschau. Sei mutig, du bist manchmal zu sehr mit Angst behaftet, Dinge nicht richtig zu tun. Du bist nicht im Fluss, folgst nicht deinem Herzen."* (Anmerkung: Das nehme ich mir seither sehr zu Herzen und lebe so. Eine Lehre in meinem Coaching für andere, raus aus dem Verstand und die eigene Herzintelligenz/-weisheit anzuerkennen.)

An dieser Stelle folgen persönliche Botschaften aus den Gesprächen von mir (Alexandra) mit Tieren meiner Klientinnen:

Sali, der verstorbene Wallach von Sonja (eine begnadete Tierärztin), sprach mit mir unter anderem über ‚seine Sonja', der er viel verdankte während seiner Zeit bei ihr und für die er wunderbare Botschaften hat:

Alexandra: „Hallo Sali, ich bin Alexandra. Ich möchte gerne mit dir sprechen." (Mich überkommt ein seltenes Gefühl, er kennt mich ...) „Soll ich mich vorstellen?"

Sali: (Er kommt erhobenen Kopfes sehr langsam und sehr stolz auf mich zu, freundlich, ohne Scheu, dann lächelt er, als er etwa drei Meter vor mir stehen bleibt) *„Nein, meine Liebe, du musst dich nicht vorstellen. Sonja weiß, dass du kommen wolltest und ich weiß es auch seit langem. Ich bin vorbereitet ..."*

(Er senkt ein wenig den Kopf, bleibt aber auf Abstand, er schaut mich ruhig an) *„Bitte richte Sonja von mir Folgendes aus: Sie weiß es, aber ich möchte es ihr noch mal sagen, selbst sagen. Sie war mein Segen, als ich bei ihr war.*

(Mir laufen Tränen wie Bäche übers Gesicht, so viel Würde und Liebe strahlt er aus).

„Ich kenne sie gut und habe sie nie ganz verlassen. Sie hat um mich gekämpft, als alle mich aufgegeben hatten. Das war mein Auftrag bei ihr. Ich habe ihr gezeigt, zu was sie fähig ist, und sie ist zu vielem fähig. Dass es mir dann mal schlecht ging, musste so sein, damit sie ihr Potenzial erreichen kann. Ihre Liebe heilt, ich weiß nicht, ob sie sich dessen bewusst ist.

(Er schaut mich an, lächelt) *Du weißt oder spürst es vielleicht. Ich weiß es sicher. Sie ist eine Heilerin und mit mir konnte sie den Zugang dazu finden. Das war meine Aufgabe und mir hat selten eine Aufgabe so viel Freude bereitet, wie mit ihr. Sie setzt sie fort, ich weiß das. Und sie darf nicht aufgeben. Sie hat so viel Kraft, und wir Tiere brauchen, was sie geben kann. Sie heilt Seelen und dadurch heilen Körper. Ich weiß, sie hat nicht so viel Zeit, wie sie gerne hätte, aber das wird kommen. Dann wird sie ihren Tag nach dem Heilen gestalten können. Ich freue mich darauf, wenn es so weit sein wird.* (Er schaut mich auffordernd an) *Richtest du ihr das aus?"*

Alexandra: (Ich spreche sehr leise, bin ergriffen) „Ja, Sali, das mache ich von Herzen gerne. Woher weißt du das alles? Bist du noch bei ihr?"

Sali: (Er lacht) *„Ach, nein, das brauche ich nicht. Wir haben eine Verbindung, die nie verschwinden wird. Ich weiß, dass sie hadert und überlegt. Sie wird die richtige Entscheidung treffen. Sie hat Fähigkeiten für uns Pferde, die wir brauchen. Mehr als sie sie im Moment einsetzen kann. Sie soll nicht hadern, ihr Weg wird bald ganz klar vor ihr liegen. Solange sie – ich sag mal – gefangen ist, wird sie kleine Schritte machen, die nicht weniger wichtig sind. Schau den Grauen an …"*

Alexandra: „Welcher Graue?"

Sali: (Er sieht mich verwundert an) *„Na, der Graue, der bei ihr ist. Den kennst du doch auch!"*

Alexandra: (Ich lache) „Der Zwerg? (Der Zwerg ist ein junger Traber, den Sonja nach schwersten Misshandlungen bei sich aufgenommen hat)

Sali: *„Ihr nennt ihn Zwerg? Er ist doch gar nicht klein ..., für mich ist er der Graue, so nannte ich ihn."*

Alexandra: „Kennst du ihn?"

Sali: (Er lächelt gutmütig) *„Ja, ich kenne ihn. Sie musste ihn finden. Sie hat ihn gefunden und er hat sie gefunden. Er ist ein Schritt auf dem Weg in das Wissen."*

Alexandra: „Welches Wissen, Sali?"

Sali: (er verzieht das Gesichtchen) *„Na, ihr Bewusstsein über ihre Fähigkeiten. Ihre Empathie, die ihr die Kraft gibt. Schau die alte Stute an, die sie seit Jahren kennt. Indi!*
(Anmerkung: Auch Indi hat viel Schweres in ihrem Leben ertragen, bevor sie zu Sonja kam)

„Wieso sollte sie sie zu sich nehmen? Wieso sollte sie wissen, dass sie die Wunden wird heilen können? Sie hat das damals noch nicht bewusst getan. Aber sie hat es getan aus Mitleid, dachte sie. Aber es war kein Mitleid. Es war Mitgefühl und das unbewusste Wissen, heilen zu können. Seelen heilen zu können."

Alexandra: „Und du meinst, sie weiß das alles über sich noch nicht?"

Sali: (Er lacht) *„Hast du sie mal erlebt?"*

Alexandra: „Nein ..."

Sali: *„Eben. Wenn du sie triffst, wirst du es nicht sofort spüren ..., naja, du vielleicht schon. Aber sie hat ein Bild*

voller Würde und Unnahbarkeit nach außen. Sie spürt so viel mehr, als sie die Menschen sehen lässt. Kann sie ja auch nicht sehen lassen. Die Menschen haben Respekt vor ihr. Viel Respekt. Und noch muss das auch so sein. Aber ihr Weg wird ein anderer sein, irgendwann, aber auf jeden Fall früh genug. Ich bin immer da und werde sie immer wieder daran erinnern. Der Graue auch. Die beiden Stuten haben sie auch viel gelehrt.
Das waren die ersten Schritte. Die nächsten Schritte werden folgen, warte ab!
(Er lacht mich glücklich an) *Schön, dass du da bist. So kann ich ihr das übermitteln, es ist so wichtig!"*

Alexandra: „Danke dir sehr, Sali! Sie wird alles von mir erfahren, all die schönen und wertvollen Dinge!"

Sali: (Er schaut ganz verträumt) *„Ja, meine Sonja ..."*

Sicherlich war die Zeit mit Sali für Sonja eine sehr prägende Phase ihres Lebens. Sie bezeichnete ihn mir gegenüber als ‚ihren großen Lehrmeister' in vielerlei Hinsicht ..., sie sah hin und sie fühlte, so konnte sie immens von ihm lernen.

Mit Fibi, einer älteren, kranken Hündin sprach ich im Auftrag ihrer Besitzerin, da es ihr ein großes Anliegen war, ihrer Hündin in den letzten Tagen oder Wochen auf richtige Art und Weise beizustehen. In dem Sinne sprach ich mit Fibi:

Alexandra: „Hallo liebe Fibi, ich bin Alexandra. Jule schickt mich zu dir ..."

Fibi: (Sie kommt freundlich auf mich zu, legt den Kopf leicht schief und schaut mich neugierig an, ihre Schritte sind etwas kurz) *„Hallo Alexandra, das ist ja seltsam ..., ich verstehe dich!"*

Alexandra: (Ich lache) „Ja, das ist schön! Weißt du, Jule macht sich große Sorgen um dich, weil es dir nicht so gutgeht."

Fibi: (Sie senkt den Kopf, schaut etwas traurig) *„Ich bin traurig, ich weiß, dass meine Zeit bei Jule und den anderen vorbeigeht, das spüre ich schon länger und eigentlich würde ich gerne noch bleiben ..."*

Alexandra: „Wie geht es dir denn?"

Fibi: *„Ach ..., mal so, mal so. Ich bin okay. Ich beobachte sie alle und möchte mir alles genau merken, wie schön es hier war. Das war es nämlich! Ich hatte bei Jule ein wunderschönes Leben und bin so unendlich dankbar für alles. Meinst du, sie weiß das?"* (sie schaut mich fragend an, legt sich hin)

Alexandra: „Ja, ich denke, sie weiß das! (Ich setze mich zu ihr auf den Boden und beginne, sie ganz langsam und sanft zu kraulen) „Brauchst du etwas?"

Fibi: (Sie denkt nach...) *„Nein, ich habe alles. Ich merke schon, dass Jule dauernd versucht mir anzusehen, was ich brauche. Aber sie macht alles richtig. Eins weiß sie* *bestimmt schon, aber ich kann es ja noch mal sagen: Mir wird schnell kalt. Vielleicht kann sie mir einen wiechen Platz geben, obwohl den habe ich eigentlich schon …, also alles gut!“*

Alexandra: „Fibi, weißt du, warum du bald gehen wirst?“

Fibi: *„Meine Zeit ist leider zu Ende, das ist nun einmal so. Ich muss weiterziehen, und damit ich das machen werde, habe ich eine Krankheit …“* (sie grinst mich an) *„Sonst würde ich nicht gehen, das kannst du mir glauben!!! Ich würde ewig bei Jule bleiben!!“*

Alexandra: (Ich muss lachen, wie sie mich so frech ansieht) „Das glaube ich dir sofort. Du hast einen Tumor, den man nicht ganz entfernen konnte. Er wächst ganz schnell und wird dir alle Kraft rauben. Jule möchte, dass es dir in der verbleibenden Zeit so gut wie möglich geht.“

Fibi: *„Ja, ich war viel mit ihr unterwegs und immer haben andere Menschen irgendwas an mir gemacht.* (Sie meint die Tierärzte, schickt mir ein Bild aus einem Behandlungsraum in grauen Tönen gehalten, ein Tisch in der Mitte, eine Frau auf der einen Seite, Jule wohl auf der anderen Seite, zumindest dreht Fibi immer den Kopf in Richtung dieser Frau) *Ich habe keine starken Schmerzen, nur manchmal ist mir schlecht, dann muss ich schmatzen, und dann habe ich nicht so viel Hunger, aber sonst bin ich eigentlich nur sehr sehr müde!*

(Sie hebt den Kopf) *Aber ich bin sehr glücklich!! Sag ihr das!"*

Alexandra: „Das mache ich gerne. (Ich kraule sie) Hast du eine Idee, wie lange du noch hier sein wirst?"

Fibi: (Sie denkt nach) *„Das wird nicht so lange sein, meine Kraft ist nicht mehr sehr viel. Ich versuche ganz lange durchzuhalten, weil ich eben gerne noch lange bleiben möchte."*

Fibi und Jule blieben noch ein paar gemeinsame Wochen, bevor Jule ihre Hündin in Frieden gehen lassen konnte.

Im Frühjahr 2023 traf ich eine Freundin nach langer Zeit, in der wir uns nicht gesehen hatten, zum Abendessen.
Unser Gespräch über meine Arbeit vertiefte sich, als sie mir ein Foto einer Hündin zeigte, die sie mal kurz getroffen und kennengelernt hatte und die ihr seitdem nicht mehr aus dem Kopf ging. Mittlerweile war die Hündin verstorben. Als ich das Foto betrachtete, wurde mir sehr schnell klar, dass die Hündin eine Botschaft an meine Freundin Maxi hatte, also kontaktierte ich sie am darauffolgenden Tag:

Alexandra: „Hallo Umbra, ich bin Alexandra. Gestern, als Maxi und ich beim Essen waren, zeigte sie mir ein Bild von dir und ich fühlte ganz viele Informationen, die von dir für Maxi kamen ..."

Umbra: *„Hallo Alexandra, ja das stimmt."* (Sie kommt näher, lächelt, sie bewegt sich ganz entspannt, schaut mich an, bleibt vor mir stehen)

Alexandra: (Ich habe Gänsehaut, wohlig und mir wird ganz warm ums Herz)

Umbra: *„Frag mich, Alexandra, was du wissen möchtest."* (Sie setzt sich aufrecht hin und wartet)

Alexandra: „Umbra, mir kommst du sehr weise vor. Wir Menschen nennen das ‚eine alte Seele', also ein Lebewesen, das mehrere Leben gelebt und viel Weisheit in sich hat."

Umbra: *„Ja, das stimmt. Gute und schlechte Leben. Aber das ist keine Frage, Alexandra."* (Sie lächelt mich milde an)

Alexandra: „Da hast du Recht. Kanntest du Maxi schon vor eurem Treffen in diesem Leben?"

Umbra: (Sie lächelt, legt sich gemütlich hin und schaut mich an, spricht mit leiser, lieber Stimme weiter) *„Ja, ich kenne sie schon sehr lange. Wir waren Gefährten auf der Suche nach Liebe.* (Sie schaut in die Ferne und spricht weiter) *Wir sind gewandert, haben alles geteilt.* (Sie schaut versonnen vor sich hin, lässt sich Zeit ... hängt ihren Erinnerungen und Gedanken nach ..., ich warte still ...) *Abends richteten wir uns ein Schlaflager.* (Sie schickt mir ein Bild aus einem Wald, ein kleines Feuer, ein kleines Lager, ein Hund, ein junger Mann)

„Wir teilen Kälte und Wärme, nur wir zwei, (Sie lächelt) *so wanderten wir lange umher, das war* gut."

Alexandra: „Habt ihr sie gefunden, die Liebe?" (Ich spreche ganz leise, um sie nicht in ihren Gedanken zu stören)

Umbra: *„JA!* (Sie strahlt) *Ich hatte sie ja schon! Ich war bei Maxi. Sie – also damals war sie ein junger Mann – fand die Liebe in einem Platz, an dem wir bleiben konnten. Ich durfte dort alt werden bis zum Schluss."*

Alexandra: „Du warst ein Hund, richtig?"

Umbra: *„Ja, da war ich ein Hund."*

Alexandra: „Hast du sie noch mal getroffen?"

Umbra: *„Ja, sie hat aber lange gewartet, bis sie wieder (auf die Erde) kam. Aber ich treffe sie in jedem Leben, wenn sie da ist."*

Alexandra: „Wie?"

Umbra: *„Ich will dir mal was sagen, Alexandra: Jeder hat seine Aufgabe und ich kenne Maxis Aufgabe: Die Suche und das Finden und Geben von Liebe. In der unterschiedlichsten Form. In den verrücktesten Momenten. Sie kann die Liebe erkennen, wenn sie da ist und dann geben. Sie kann die Liebe festhalten, wenn sie weglaufen will und sie kann die Liebe loslassen, wenn sie zu ersticken droht. Das ist ihre Gabe. Das hat uns in dem gemeinsamen Leben verbunden. Das habe ich damals von ihr lernen dürfen.*

(Sie setzt sich auf, ist ganz engagiert, energiegeladen) *Das trage ich seitdem in meinen Leben weiter. Meine Leben sind ja viel kürzer. Ich komme und gehe. Bis jetzt war ich noch nicht wieder ein ganzes Leben bei ihr. Aber das kann ja noch passieren* (Sie legt sich wieder hin).

In jedem meiner Leben habe ich sie aber getroffen. Nicht immer hat sie es gemerkt, so wie jetzt. Aber gespürt hat sie es fast immer irgendwie ..."

Alexandra: „Sagst du mir ein Beispiel?"

Umbra: (Sie lacht schelmisch) *„Neugierig?"*

Alexandra: (Ich lache auch) „Ja, ein wenig."
(Ich zwinkere ihr zu)

Umbra: *„Frag sie mal nach einem Urlaub und ‚dem süßen Hund', den sie am liebsten mitgenommen hätte ..., der Sohn war auch dabei, aber sie waren mit dem Flugzeug dort."*

Alexandra: „Mache ich! Und der weiße Hund aus ihrer Kindheit?"

Umbra: *„Nein, der nicht. Aber die dunkle Katze in der Nachbarschaft, vielleicht erinnert sie sich. Etwas scheu, aber doch immer wieder in der Nähe."* (Sie lächelt wieder ein wenig verschmitzt)

Alexandra: „Das ist sehr schön, Umbra."

Umbra: *„Ja, das ist es. Jetzt, da sie das so richtig bemerkt hat, wird sie mich künftig noch leichter erkennen."*

Alexandra: „Kommst du wieder?"

Umbra: *„Mit Sicherheit."*

Alexandra: „Zu ihr?"

Umbra: *„Das weiß ich nicht. Aber wir werden uns begegnen. Wir wissen alle nicht, wohin uns unser Weg führen wird."*

Alexandra: „Möchtest du ihr noch was sagen?"

Umbra: *„Ja gerne! Sie darf sicher sein, dass ich irgendwie bei ihr bin, wenn sie mich mal brauchen wird. In ihrem Herzen kann sie das spüren. Wenn sie Kraft braucht, soll sie an mich denken. Sie soll nie aufhören, das zu geben, was sie am besten kann: Liebe!"*

Alexandra: „Danke dir, meine Liebe."

3.3

Madeleine Walker über Tiere und Menschen

Viele Tiere betrachten uns als ihre Studenten. Wir sind alle mehrdimensionale Wesen.
Es kommt auf die Art der Inkarnation an, welchen physischen Körper wir uns für die evolutionäre Seelenentwicklung aussuchen.
Hunde leben und geben bedingungslose Liebe. Meine Erfahrung mit Tieren über 20 Jahre hat gezeigt, dass Tiere (hier Haustiere) uns begleiten, auch um uns helfen zu wollen. Sie unterstützen ihren Menschen und kommen zu einer bestimmten Zeit in unser Leben. Sie führen und begleiten uns, um unsere Weiterentwicklung zu fördern.
Tiere reinkarnieren in mehreren Leben und begleiten uns immer wieder. Tiere haben mir gesagt, dass es eine Art Absprache gibt, bevor Seelen inkarnieren. Wie bei einer großen Konferenz sitzen alle zusammen. Tiere und Menschen sind in der geistigen Welt zusammen, wie eine große Familie, und entscheiden, wer was sein werden und wer wen herausfordern soll, vergleichbar mit Lernaufgaben. All das geschieht im Zeichen der Liebe und zu dem Wohle der Menschen und Tiere, die beteiligt sind. Sie haben ausgewählt, wann sie in unser Leben kommen, und entscheiden mit, wann sie wieder von uns gehen, mit ihrem physischen Körper.

Insbesondere in Bezug auf Leben und Tod der geliebten Tiere lernen wir aus meiner Sicht am meisten über die tiefe Verbindung und die Multidimensionalität aller Lebewesen. Es gibt keinen Verbindungsabbruch, keine Trennung, wenn die eigenen Tiere gehen, sie wechseln die Form.
(Anmerkung: Tiere sind nach ihrem Übergang Energiekörper)

‚There are no endings, only new beginnings', ein so schönes und auch tröstendes Zitat von Winnie, einer meiner Hunde.

Teasle, ein anderer Hund von mir, ist wieder in mein Leben gekommen, als Naya, mein neuer Border Terrier, den ich jetzt habe. Wenn wir unsere verstorbenen Tiere fragen, darum bitten, können sie immer wieder bei uns sein. Sie leben gleichzeitig in mehreren Ebenen. Sie können sich um neue Lebewesen und Aufgaben kümmern und gleichzeitig mit uns kommunizieren und unser Leben beobachten.
Die Herzöffnung ist eine ganz wichtige Lehre, die die Tiere vermitteln. Dem eigenen Herz zu vertrauen, ist wertvoll und wichtig. Das Herz ist ein Platz der Heilung. Dem Herz zu folgen, unterstützt uns Menschen, in der eigenen Souveränität zu sein.
Heute geht es bei einem großen Teil meiner Arbeit und meinem Wirken um ‚Sound Healing'. Löwen und sind beispielsweise involviert.

‚Be lion hearted', das ist eine klare Empfehlung der Löwen, auch einer Löwin, mit denen Madeleine gesprochen hat. Im übertragenen Sinne bedeutet es in der eigenen Kraft zu sein und es zu bleiben. Der Puls der Weisheit, den die Tiere innehaben, macht sie zu prädestinierten Lehrern für uns. Menschen vergessen meistens (wieder), dass sie ein so großartiges mehrdimensionales Wesen sind. Die Löwin war sehr deutlich in Bezug auf das, was noch kommt. Tiere sehen das größere Bild.

Die Tiere erkennen, wer wir wirklich sind.

Sie können hinter unsere selbst auferlegten und selbst limitierenden Barrieren sehen. Das ist faszinierend.

Als ich das Vorwort für dieses Buch geschrieben habe, dachte ich intensiv daran, wie viele unglaubliche Botschaften die Tiere haben. Es ist so lebendig, das Wissen der Tiere weiterzugeben. Es ist so wichtig, dass wir die Botschaften mit anderen teilen.

Mögen wir ganz viele Menschen mit dem Buch erreichen. Die Menschen sollen Tiere, Haustiere, Nutztiere und wilde Tiere, respektieren. Die wilden Tiere arbeiten hart an der Rettung der Erde. Es ist meine wesentliche Driving Force, d. h., mein persönlicher Antrieb, für die Tiere sowie für Respekt und Wertschätzung ihnen gegenüber einzutreten. Leider gibt es eine Welt und ein ökonomisches System, in dem Menschen sich über die Tiere stellen und gebrauchen und missbrauchen, wie sie wollen.

Die Pferde vermittelten mir das Wissen, wie Heilung in Bezug auf die Vorleben eingeleitet werden kann. Es geht um die Seelenverträge – auf energetischer Ebene. Diese besonderen Verträge können ‚überschrieben' werden, wenn sie schwierige Bedingungen in dem heutigen Leben bedingen. Mit diesem Prozess kann das Leben eine neue Ausrichtung haben. Es ist eine Re-Programmierung der DNA, die Story wird neu geschrieben und das geht energetisch bis auf die Zellstruktur.
Eine Katze hat mir ebenfalls ein Ritual beschrieben, wie das Leben ihres Frauchens, einer Klientin, ihrem Erleben und dem Leben eine neue wünschenswerte Richtung geben kann. Trauma und andere Prägungen sind in den Zellen, d. h. der DNA gespeichert. Eine profunde Heilung auf emotionaler Ebene ist möglich, um glücklich gesund und bewusst zu leben.

Wir haben so viel von uns zu lernen. Sie erziehen uns, können uns neu erziehen, sie sind Master Teachers und können uns so viel beibringen. Sie sind Mentoren für uns Menschen, wenn wir es wahrnehmen und zulassen.

Ich weiß, dass alle die Botschaften, die ich in meiner Arbeit von Tieren höre, so besonders und wertvoll sind. Es ist unsere Pflicht, Botschafter für die Tiere zu sein.

Kapitel 4

Die Weisheit und Anliegen der Tiere

In diesem Kapitel sind einige Botschaften von Tieren zu wichtigen Lebensthemen, die wir – im Auftrag der Tiere – wie der Titel besagt, ihre Weisheit, wenn wir ihnen zuhören, weitergeben. Es geht um Lebensweisheiten, spirituelle Gesetze und wirklich greifbare Ratschläge, die den Alltag und das Denken und Handeln betreffen. Vieles, was Menschen tun und auch denken, können Tiere oftmals mit ihrer Weisheit nicht nachvollziehen. Sie wundern sich sogar, warum die Menschheit nicht aus Erfahrungen lernt oder manches mit Unbewusstheit gar nicht erst wahrnimmt. Darauf sind Tiere bereits in diesem Buch eingegangen.

Im Anschluss relevante Themen
für die Menschen:

Urvertrauen

Neo: *„Das Leben stellt einen immer wieder vor neue Aufgaben, das muss das Leben tun, um Wachstum zu generieren, anders funktioniert es nicht, wir sind nicht in einer rosa-roten Welt, in der alles nur schön ist, so funktioniert das leider nicht oder soll ich sagen ... zum Glück? Ich meine, wir alle sind viel stärker und mutiger als wir dachten, wir dürfen uns nur alle nicht kleinhalten* *und uns nicht dezimieren lassen. Groß, groß, groß und noch größer und das hat nichts mit überheblich sein zu tun, dass ist einzig und allein der Glaube an uns selbst. Wir (die Tiere) können das schon besser als ihr, weil wir in diesem Urvertrauen sind und ihr Menschen seid so weit weg vom Urvertrauen. Das ist für uns schade zu sehen, denn wir verstehen das nicht, wieso glaubt ihr nicht an euch? Wieso zweifelt ihr so viel? Statt sich auf Zweifel und Negativität zu konzentrieren, geht das doch genauso mit Offenheit, Licht und Liebe oder nicht? Ich meine, wenn das eine geht, dann geht das andere doch auch, oder sehe ich das falsch? Ihr müsst den Fokus umlenken, ihr müsst leicht und frei sein und dies dürft ihr euch alle, die Menschen da draußen, hinter die Ohren schreiben! Klebt euch Zettel mit Erinnerungen überall hin, damit ihr das Positive in euer Leben zieht."*

Bedingungslose und vorbehaltlose Liebe

Neo sagte mir in einem Gespräch im Juni auf die Frage, was aus seiner Sicht in dem Konzept für unser Buch noch fehlen würde:
„Wenn wir gehen, lassen wir ganz viel, ja so viel Liebe zurück, macht da was draus."

Ich schlug ihm vor, dass er diese Botschaft mit Alexandra in einem Gespräch aufgreift und so kam es. Die erstaunliche Parallele zu den weisen Worten von Tina Turner ‚It's all about love', bestätigt die Weisheit der tierischen Seelen.

Alexandra: „Du sagtest zu Sabine, wenn ihr geht, lasst ihr uns so viel Liebe da."

Neo: *„Ja, das klingt schön, oder?"*

Alexandra: „Wie meinst du das genau?"

Neo: *„Na ja, wir begleiten euch mehrere Jahre oder eine ganze Zeit. Während wir bei euch sind, lieben wir euch vorbehaltlos. Wenn wir gehen und ihr während unserer gemeinsamen Zeit offen wart und uns gesehen (!) habt, dann habt ihr die vorbehaltlose Liebe von uns zu euch gespürt. Die bleibt, das Gefühl bleibt, denn es stirbt ja nicht mit uns. Alles, was ihr einmal gefühlt habt, daran könnt ihr euch erinnern.*
Wenn ihr uns nicht gesehen habt, dann spürt ihr die Liebe nicht. Wahre, ehrliche, vorbehaltlose Liebe."

Alexandra: „Das ist ein großes Geschenk, Neo."

Neo: *„Nein, finde ich nicht, wir sind einfach so. Ihr könntet auch so sein, seid ihr aber nicht."*

Alexandra: „Woran liegt das? Was meinst du?"

Neo: *„Unsere Mütter säugen uns, ernähren uns. Da geht nichts schief, auch wenn die Zeit nur kurz ist, und dann gehen wir (Welpen) meistens weg. Bis dahin haben wir meist nur Schönes erlebt, das Erleben nehmen wir mit und geben es weiter, an euch, wenn ihr Menschen es wollt und könnt."*

Vorbehaltlose Liebe

Ich (Alexandra) sprach mit Neo noch einmal über dieses wichtige Thema (Auszug):

Alexandra: „... aber, ich habe noch eine ganz gezielte Frage an dich. Was meintest du mit ‚das Wesentliche'? Das würden wir gerne für das Buch noch genauer wissen. Und was ist der Unterschied für dich zwischen ‚bedingungsloser Liebe' und ‚vorbehaltloser Liebe'?"

Neo: (Er legt den Kopf schief und schaut mich freundlich an) *„Das ist alles ganz einfach, Alex. Da könntet ihr auch selbst darauf kommen."*

Alexandra: „Ich möchte es von dir hören, weil wir dich zitieren wollen und nicht schreiben, was wir dazu denken."

Neo: *„Da hast es schon wieder! Denken! Versuch es mal zu fühlen ..."*

Alexandra: „Was zu fühlen?"

Neo: *„Den Unterschied zwischen vorbehaltlos und unbedingt."*

Alexandra: „Unbedingt oder bedingungslos?"

Neo: *„Na ja, eher bedingungslos."*

Alexandra: „Okay, das eine – vorbehaltlos – bedeutet für mich, dass ich ohne Erwartung an etwas herangehe. Das andere, bedingungslos, heißt für mich, egal was passiert, es ändert sich bei mir nichts."

Neo: *„Super, das sind Definitionen, aber wie fühlt es sich an?“*

Alexandra: „Für mich etwas konfus, daher hätte ich gerne deine Erklärungen dazu. Wir Menschen empfinden anders als ihr. Für uns ist nichts so absolut wie für euch.“

Neo: *„Ja, das stimmt wohl. So richtig bedingungslos wie wir, liebt ihr nicht. Ihr knüpft immer Erwartungen an etwas. Wir erwarten nicht so viel und sind glücklich, wenn es trotzdem so kommt.“*

Alexandra: „Wenn was trotzdem kommt?“

Neo: (Er schüttelt den Kopf etwas konsterniert) *„Alex, du bist doch ein empfindender Mensch, sonst könntest du deine Arbeit hier ja gar nicht machen. Was tust du dich so schwer, das zu verstehen? Das ist ja fast so schlimm wie bei Sabine …* (Er schüttelt wieder den Kopf) *Ich war in Sabines Leben, um ihr klarzumachen, dass es bedingungslose Liebe gibt, denn die hatte sie so nicht kennengelernt. Das konnte ich ihr zeigen, ihr vorleben und mit ihr leben. Wichtig war nur, dass sie spürt, was bedingungslose Liebe ist. Nicht, dass sie sie auch empfindet. Das kann sie nicht. Wie auch? Eure Menschenliebe ist zumeist an Umstände, Bedingungen und Vorstellungen geknüpft. Ich mache dir Beispiele, die du verstehen kannst, weil du die jeweiligen Situationen kennst. Also, Nilya* (die Hündin, die jetzt bei Sabine lebt, auch aus dem Tierschutz über Vergessene Pfoten) *ist* *jetzt glücklich bei Sabine. Das sollte alles so sein und ist so gekommen. Wunderbar! Punkt! Aber – und jetzt wird es spannend ..., hätte Sabine Nilya überhaupt gefunden oder ausgewählt, wenn sie kein Labrador gewesen wäre?* (Er schaut mich aufmerksam an) *Was meinst Du?"*

Alexandra: (ich denke nach) „Wohl eher nicht ..., würde ich meinen."

Neo: *„Eben. Sie hätte sie nicht gefunden oder selbst wenn irgendwo gesehen, nicht beachtet. Weil sie eine Vorstellung davon hatte, wie der neue Hund sein soll. Sie mag jetzt sagen, wir – also ihre verstorbenen Tiere – hätten ihr das eingeflüstert, aber so ist es nicht. Ihre Vorstellung war schon bei mir ein Labrador, Jaly war einer und Nilya ist es wieder ... Das ist ja nichts Schlimmes, aber es ist ein Beispiel für eben nicht bedingungslos, denn ein Labrador sollte es sein. Oder du: Als Bo kam, hast du als Erstes gesagt, dass bei dir immer nur fuchsfarbene Pferde bleiben. War ja auch bis dahin so, aber bei Bo hast du dich deswegen am Anfang schwergetan. Er war geschickt genug, das zu wandeln. Aber eine von dir gesagte Bedingung waren irgendwie bis dahin die Füchse ..."*

Alexandra: „Ja, das verstehe ich, und du hast Recht, was Bo und seine Farbe angeht. Heute denke ich nicht mehr so."

Neo: *„Das ist unwesentlich – der nächste Begriff.* (Er lächelt wissend) *Wesentlich ist, dass die Veränderung stattgefunden hat. Wesentlich ist, dass ihr zuhört, zufühlt, zuseht und alles dieses an euch ranlasst. Nur so kann Veränderung stattfinden, wir leben es euch vor. Wenn ihr nicht zulasst, dass es euch berührt – in der tiefen Seelengegend – dann wird sich nichts ändern. Verstehen kann man viel, aber man muss es fühlen, erst dann wird es wahrhaftig."*

Alexandra: „Was ist mit vorbehaltlos?"

Neo: *„Vorbehaltlos bedeutet für mich gefühlt (!) wohlbemerkt, dass ich irgendwo hinkomme und annehme, was mich dort erwartet. Nicht immer haben wir es gut bei jemandem, aber auch nicht alle Menschen haben es gut, dort wo sie leben. Wie viele verzweifelte Menschen gibt es ... genauso viele wie Tiere.*
Menschen wie ihr reden aber meistens über die armen Tiere, weil ihr uns helfen wollt und es tut. Das ist richtig und gut. Aber manche Menschen unterscheiden zwischen den armen Menschen und Tieren zugunsten der armen Tiere, andere zugunsten der armen Menschen. Dabei könnte beides gleichwertig sein in einer Welt, in der es Gleichwertigkeit gibt. Ich meine nicht, dass aus Menschensicht das Tier so viel wert sein soll, wie aus Tiersicht. Das geht sicher nicht. Bei uns Tieren ist das bei manchen ja auch so. Raubtiere stellen ihre eigenen Gefährten über die Menschen. Der Mensch ist auch ein Raubtier, also stellt er seinesgleichen vor die anderen

Tiere. Aber der Respekt und die Gleichwertigkeit könnte bedeuten, dass alle Wesen voreinander Respekt haben und vorbehaltlos aufeinander zugehen. Erst dann entscheiden, was und wie es laufen wird. Aber ihr Menschen entscheidet oft schon vorher. Wir eher nicht. Ich mochte auch nicht jeden Hund, dem ich begegnet bin, aber meistens habe ich sie mir erst angesehen und angerochen und dann entschieden, was ich davon halte. Das meine ich mit vorbehaltlos."

Respekt, Wertschätzung und Achtsamkeit

Lucky ist ein 33-jähriger Quarterhorse Wallach, der seit 31 Jahren bei mir (Alexandra) lebt. Ich befragte ihn zu seiner Sicht auf die Menschen:

Lucky: *„Ja, klar habe ich Zeit. Was kann ich dir beantworten?“*

Alexandra: „Wie siehst du uns Menschen und unsere Leben?“

Lucky: (Er hält inne, denkt nach) *„Puh, da muss ich weit ausholen. Es ist für mich ein Unterschied, ob ich über euch – also dich und die anderen in diesem Leben spreche oder über die Menschen schon immer. Was davon möchtest du wissen?“*

Alexandra: „Erst mal die Menschen in diesem Leben ...“

Lucky: *„Ich finde euch anstrengend, anstrengender als es sein müsste. Ihr seid nie da, wo ihr seid. Auch wenn ihr mit uns seid, seid ihr zum Teil woanders. Ihr wisst nicht, wie man im Augenblick lebt. Ihr habt nicht verstanden, dass das Morgen auch morgen ist und das Jetzt ist jetzt. Dadurch nehmt ihr euch sehr viel. Ihr hört nicht auf eure Intuition und ihr gebt euren gesunden Gefühlen nicht nach. Ihr missachtet sie. Ihr haltet sie nicht für wichtig. Oder nur manchmal. Wir sind ganz anders. Wenn wir fressen, fressen wir und wenn wir spielen, spielen wir. Wir achten aufeinander und wir spüren jede Sekunde, dass wir zusammengehören. Wir haben nicht viele Freiheiten, weil ihr unser Dasein bestimmt. Das ist in Ordnung so, aber ihr könntet es mit mehr Achtung machen. Es geht nicht darum, uns jeden Tag stundenlang anzuschauen, um herauszufinden, ob es uns gutgeht. Uns geht es gut.*

Mit Achtung meine ich, dass ihr Menschen sehr wenig Achtung füreinander – also unter euch Menschen – habt. Jeder meint, er weiß für den anderen, was gut ist. Das stimmt aber so nicht. Du kannst nicht wissen, was für deine Freundin wichtig ist, wenn du ihr nicht vorher ganz genau zugehört hast. Wenn du nicht vorher ganz genau hineingefühlt hast, wie es in ihr aussieht.
Manche von euch haben nicht mal mehr die Fähigkeit mit jemand anderem mitzufühlen. Wie wollt ihr dann wissen, was gut und richtig für den anderen ist? Dazu müsstet ihr sehr viel nachfühlen, sehr genau zuhören, euch selbst zurücknehmen, in der Lage sein, nur den anderen in diesem Moment zu fühlen und nicht euch selbst. Ihr müsstet das erst mal wieder trainieren. Das habt ihr verlernt. Ihr seid so technisiert, dass alles an Intuition verloren gegangen ist. Ihr spürt auch die Welt um euch herum nicht mehr. Alles, was euch umgibt, könntet ihr fühlen, aber ihr seht es nur! Und damit meine ich wirklich ‚nur'! Spürt ihr den Wind? Spürt ihr die Bäume? Die Sonne? Die Wärme und die Kälte? Nein, ihr nehmt das alles wahr, aber nur mit Sehen, Hören und vielleicht Schmecken. Was ist mit dem Rest eures Körpers? Was ist mit der Haut, mit den Haaren, mit den Füßen und Händen? Damit spürt ihr nicht mehr. Und so spürt ihr auch mit dem Herzen und mit der Seele nicht mehr. Denk daran, als du bei uns mit deinem Krebs warst. Wir mussten dir zeigen, dass es einen Weg gibt, dass du die Sache anders betrachten kannst und sie

dann einen Teil ihres Schreckens verliert. Wieso konntest du das nicht selbst?

Weil du dich vor lauter Angst nicht mehr gespürt hast. Danach hast du dich gespürt und dir ging es so viel besser. Wir haben das sofort gespürt."

Alexandra: „Ja, das stimmt. Aber ihr seid besser nach oben und zu Mutter Erde angebunden und verbunden ..."

Lucky: *„Da gibst du dir die Antwort schon selbst. Ja, das sind wir und das, genau das, meine ich. Ihr habt die Verbindung zu allem Höheren verloren. Ihr verliert euch im Tag, im Raum und in der Ewigkeit. Was bleibt übrig? Eine Hülle, die agiert, die aber nichts mehr spürt. Oder sich zwingen muss, zu spüren und zu fühlen. Ihr habt diese Seite in euch verloren ..., manchmal kann der eine oder andere etwas spüren, aber nur bewusst hervorgeholt. Von allein kann das keiner mehr von euch."*

Alexandra: „Was schlägst du vor?"

Lucky: *„Gar nichts. Es ist euer Weg. Ich sage dir nur, wie ich euch sehe. Ihr versäumt mindestens die Hälfte von dem, was Leben bedeutet. Leben ist eine Einheit von vielen Ebenen, auf denen wir existieren sollten. Die meisten von euch leben nur auf einer Ebene. Vielleicht auf zwei, aber der Rest liegt ungenutzt verborgen und wird von euch nicht herausgeholt. Vorhanden ist das in jedem von euch."*

Alexandra: „Wie können wir die verborgenen Ebenen erreichen?"

Lucky: *„Das weiß ich nicht, weil sie bei mir nie weg waren und ich sie nie suchen musste. Vielleicht ist es aus eurer Sicht ja auch gut, wie es ist. Aus unserer Sicht fehlt euch so verdammt viel. Es wäre für die Welt wichtig, dass ihr die anderen Ebenen wieder in euch findet. Dann würdet ihr so viele Dinge anders sehen. Es ist ja nicht erst seit jetzt so. Es ist schon fast immer so bei den Menschen. In den anderen Leben, die ich schon leben durfte, war es mit euch Menschen nicht anders. Und es gibt auch keine Schuldigen. Danach musst du nicht suchen. Es hat sich so entwickelt, und die, die diesen Prozess früher aufhalten wollten, denen hat man nicht geglaubt.*
Vielmehr hat man sie gejagt und getötet. Also waren sie weg und niemand hat diesen Prozess der Verarmung aufgehalten. Ich habe das alles beobachtet, und wir Tiere haben es immer gespürt. Wir haben alle Ebenen in uns und wir spüren sie."

Alexandra: „Vielleicht habt ihr mehr Zeit und Freiraum als wir?"

Lucky: *„Wie kommst du darauf?"*

Alexandra: „Wir müssen uns ums Überleben kümmern, wir müssen für euch sorgen und alles irgendwie organisieren."

Lucky: *„Ja, schon. Das sind wahrlich Dinge, um die wir uns nicht kümmern müssen. Aber soll das die Erklärung dafür sein, dass ihr nur noch eine Ebene wahrnehmt? Das glaube ich nicht. Hättet ihr die anderen Ebenen nie verlassen, gäbe es so viele Sorgen, Kriege, Kämpfe und Verwicklungen gar nicht.“*

Alexandra: „Schon die ganz frühen Völker haben um ihr Überleben gekämpft, haben Land und Leute verteidigt. Auch die Tiere untereinander kämpfen, vertreiben und sichern ...“

Lucky: *„Ja, das stimmt. Aber die frühen Völker haben im Laufe der Jahre auch ihre Ebenen verloren, weil sie meinten, sich nur noch auf das Überleben konzentrieren zu müssen und nicht mehr auf die Verbindung zu Mutter Erde und zum Höheren. Die, die diese Verbindung nicht verloren haben und weiter verbunden leben wollten, sind mittlerweile fast ausradiert. Vieles wäre nicht geschehen, wenn diese Verbindung der Menschen nach unten und nach oben nicht verloren gegangen wäre. Und was du über die Tiere sagst, ist richtig, aber sobald sie erreicht haben, was sie zum Überleben brauchen, lassen sie los. Sie sichern ihren Fortbestand, sie vertreiben einen Feind und schützen ihre Nachkommen, aber in dem Moment, in dem sie das erreicht haben, ziehen sie sich zurück.*

Verstehst du den Unterschied? Sie streben nicht nach mehr und mehr ..., das macht nur ihr Menschen. Sie streben nach dem Leben, aber nicht nach dem Haben.

Sie leben im Moment und wissen und spüren, dass es morgen vorbei sein kann, aber das ändert ihr Verhalten und ihre Haltung nicht. Eine Löwin jagt das Futter für ihren Nachwuchs, dann erlegt sie das Futter und lässt alle fressen. Danach ist Ruhe! Sie fängt nicht in diesem Moment schon an, an das nächste Futter zu denken und Pläne zu machen. Sie beginnt mit der Futtersuche dann, wenn sie Futter braucht. Wir Pferde – falls wir frei und wild leben – fressen auf einer Wiese. Wir fressen bis die Wiese leer ist, dann ziehen wir weiter. Wir haben nicht schon vorher einen Plan, wie lange wir auf der Wiese bleiben können. Wir fressen auf der Wiese und sonst machen wir nichts, außer uns verteidigen und auf uns aufpassen. Erst wenn die Wiese leer ist, ziehen wir weiter. Verstehst du den Unterschied? Wir lassen das aktuelle Gefühl und die Intuition bestimmen. Nicht vorher gemachte Pläne und Festlegungen. Ihr plant und legt fest zu einem Zeitpunkt, an dem es oft noch gar nicht ansteht.
Dadurch zwingt ihr euch in ein Raster, verstehst du das? Dieses Raster nimmt euch alle Freiheit zu fühlen, zu spüren und eurer Intuition zu folgen, denn ihr seid bereits festgelegt. Ihr glaubt, damit ihr nächstes Jahr noch existieren könnt, müsst ihr jetzt schon planen.
Wahrscheinlich ist das in eurer Welt sogar richtig, weil ihr sie so gebaut habt, dass es anders nicht mehr geht. Aber schade ist es trotzdem."

Alexandra: „Denkst du nicht, dass du da ein bisschen leicht Reden hast? Immerhin lebst du gesichert und wir sorgen für dich ..."

Lucky: (Er lächelt mich an) *„Das stimmt, aber, das, was ich dir hier erzähle, habe ich in vielen meiner Leben beobachtet und nicht in allen meinen Leben war alles so schön und sicher wie jetzt in diesem. Ich kenne die Situationen des im Moment Lebens sehr gut und hatte es nicht immer warm und sicher. Und genau aus diesen meinen Erfahrungen kann ich mit dir über die Unterschiede sprechen."*

Jaly gab für die Menschen eine Empfehlung über Achtsamkeit und Selbstliebe und rät vom Helfersyndrom ab: *„Das gilt übrigens auch für euch Menschen in eurer irdischen Welt. Ihr müsst viel mehr kommunizieren und vor allem, viel mehr zuhören, es wirken lassen, was dein Gegenüber zu sagen hat, was es fühlt. Eure Welt ist einfach so schnelllebig und so egoistisch geworden.*
Versteh mich nicht falsch, eine gesunde Portion Egoismus ist gut und sollte sich wirklich jeder aneignen. Dieses immer stetige TUN für andere bringt NIEMANDEN (sie wurde etwas energisch, deswegen in großen Buchstaben geschrieben) *ans Ziel. Schaut hin, was für euch gut ist, schaut hin, wo soll der Weg langgehen? Ich will nicht sagen, dass man nicht hilfsbereit sein soll oder darf, natürlich, dies ist auch wichtig, aber aufopfern sollte sich wirklich niemand."*

Glückseligkeit

Sali, ein vor vielen Jahren verstorbenes, kluges Pferd, eine alte Seele.

Alexandra: „Sali, ich schreibe mit einer Freundin ein Buch über eure Botschaften an uns Menschen. Ich habe inzwischen verstanden, dass die meisten von euch zu uns kommen mit einem Auftrag. Mit etwas, das ihr uns lehren könnt. Dazu möchte ich dich gerne befragen."

Sali: *„Oh, das ist spannend. Aber ich wusste bereits, dass du zu diesem Thema kommen wirst. Ich muss da gar nicht lange nachdenken. So weit, wie ich unterwegs war, kann ich dir bestimmt etwas dazu sagen."*

Alexandra: „Danke dir sehr dafür! Es ist mir sehr wertvoll, mit dir sprechen zu können. Wie siehst du uns Menschen, Sali. Was sagen wir dir?"

Sali: (Er schaut mich etwas traurig an) *„Ihr habt euch verloren und wenn ihr euch nicht verloren habt, dann habt ihr euch noch nicht gefunden. Ihr sucht an den falschen Stellen, dort werdet ihr nichts finden. Zumindest nicht das, was ihr sucht."*

Alexandra: „Kannst du mir das genauer erklären?"

Sali: *„Gerne! Frag mich!"*

Alexandra: „Was suchen wir vergebens?"

Sali: *„Glückseligkeit, Alexandra. Und was versteht ihr darunter? Weißt du das?"*

Alexandra: „Na ja, das hört sich an wie ein paradiesischer Zustand ...“

Sali: *„Das denkt ihr! Und genau das ist es, weshalb ihr es nicht finden werdet. Ihr sucht nach dem Maximum. Ihr meint es in eurer Welt zu finden. In eurer Welt, die abgetrennt ist von allem, was nicht vorhanden ist. Mit Vorhandensein meine ich sichtbar, betastbar und belastbar.“*

Alexandra: „Also materiell ...“
Sali: *„Nenne es so, dann wird es für euch stimmen. Glückseligkeit findet ihr aber nur in euch selbst, in eurem Inneren, in eurer Seele. Die ist nicht sichtbar, nicht betastbar und nicht belastbar. Man kann sich nicht an sie anlehnen, sie wie eine Mauer um sich herumziehen und dahinter Schutz finden. Das meine ich mit belastbar. Die Seele ist ewig, unsichtbar, ja, sie ist fühlbar, aber nicht betastbar. Wir können sie in uns spüren und fühlen, aber wir können sie nur so (!) wahrnehmen. Dafür müsst ihr im Augenblick verweilen. Das können die meisten von euch nicht mehr.“*

Alexandra: (Ich schweige, denke nach ..., schaue ihn an, er ruht völlig in sich, ist wunderschön in seiner Ausstrahlung)

Sali: *„Schau mal, Einsamkeit ... ein Pferd, das in eurer Welt alleine leben muss, ist einsam. Es ist unglücklich, weil es ein Herdentier ist und eine Gruppe braucht. Manch eines hält das besser aus, manch eines geht ein.“*

Alexandra: „Worauf möchtest du hinaus?"

Sali: *„Genauso ist der Mensch. Manch einer hält die Einsamkeit gut aus, manch einer gar nicht. Genauso wie wir Pferde seid ihr Gruppenmenschen. Jetzt wird es wichtig, Alexandra. Wir Pferde leiden in dem Bewusstsein, dass es danach für uns weitergeht. So schlimm es im Augenblick sein mag. Ihr Menschen seid dann hoffnungslos. Weil ihr das Bewusstsein verloren habt, eurer ewigen Seele zu vertrauen. Gibst du einem Pferd dann wieder eine Gruppe, wird es aufleben. Gibst du einem Menschen dann wieder eine Gruppe, wird er zurückschrecken, weil er nur an die kurze Vergangenheit denkt. Er hat den Bezug zu seiner ewigen Seele verloren, hat also in der ganzen Einsamkeit nicht darauf vertrauen können, dass der Zustand nur vorrübergehend ist. Er wird vielleicht nie wieder vertrauen können. Er wird in der Gruppe einsam bleiben. Er wird aus seiner Einsamkeit vermutlich nicht mehr, nie mehr herausfinden. Das Pferd, von dem wir sprachen, schon. Weil es Verbindung zu seiner Seele hat, die ihm die Sicherheit gegeben hat, dass alles nur vorübergehend ist. Ihr habt zumeist diese Verbindung gekappt. Ihr müsst sie suchen, sonst richtet ihr unsere Welt zugrunde. Ihr seid dabei … Wenn ich hier von Welt spreche, dann von der Welt, wie ihr sie kennt. Meine Welt – die Welt meiner ewigen Seele – wird nie zugrunde gehen. Das geht gar nicht. Das schafft auch der Mensch nicht."* (Er lächelt milde)

Alexandra: „Sali, wie ist es dann mit dem Zwerg? (Anmerkung: Der Zwerg ist ein junges Pferd, das unglaubliche Misshandlungen erlitten hat, bevor er zu seiner jetzigen Besitzerin kam), der so viel Angst vor den Menschen hat ..., also mit dem Grauen, wie du ihn nennst?“

Sali: *„Du hast noch immer den Unterschied nicht zur Gänze verstanden ..., der Zwerg hat die Angst vor den Menschen, aber er hat keine Angst vor dem Leben und vor seiner Gruppe. Der Zwerg wird niemals einsam sein, der Zwerg wird seinesgleichen und vielen anderen Arten vertrauen, nur dem Menschen nicht. Es ist schlimm für ihn, was ihm widerfahren ist, du weißt es genau, wie schlimm das war. Aber er hatte immer Vertrauen in sein Leben.“*

Alexandra: „Verstehe ich dich richtig, dass ich mein Vertrauen in das Leben nicht verliere, wenn ich an die Gruppe, also an die Menschen um mich herum, glaube. Aber wenn ich Angst vor etwas in meinem Leben habe, dann stärkt mich das Vertrauen in meine Gruppe. Das kann ich nur spüren, wenn ich Verbindung zu meiner Seele habe. Wenn ich also meine Seele für die anderen öffne und ihr vertraue. Auch ihrem Urteil vertraue. Also dem meiner Seele?“

Sali: *„Ja, das klingt schon ganz gut. Die Verbindung zu deiner Seele, die geht nur, wenn du aufmachst, dich öffnest. Dir selbst gegenüber.* (Er schweigt, denkt nach) *Euer Ziel ist die Mehrung. Die Mehrung von Dingen, von*

Kraft, von Macht, von Bestimmen. Wir Tiere haben eine einfache Hierarchie, weil sie unser Überleben sichert oder gesichert hat. Wir drehen uns um unser Überleben, das uns durch euch ganz oft sehr einfach gemacht wird, weil ihr euch um uns kümmert. Dann ist alles gut und wir haben es einfach. Wir haben es dann auch einfach, unseren Auftrag zu erfüllen. Wenn es uns bei euch aber schlecht geht, weil ihr nicht nett mit uns seid oder uns nicht versorgt, dann ist es für uns sehr viel schwieriger. Aber wenn es dann einfacher wird, weil sich unsere Situation ändert, dann ist für uns meist alles sehr schnell wieder gut. Unsere Seele sagt uns immer, dass alles gut ist und so sein muss. Ich weiß nicht, wie ich es noch erklären soll ..."

Alexandra: „Ja, es ist schwierig ..."

Sali: *„Lass mich nachdenken ... Deine Seele, wenn du Verbindung zu ihr hast, wird dir immer zusichern können, dass alles Schlimme, egal wie schlimm, vorübergehend ist. Gehst du aus einem Leben fort, gehst du in ein nächstes Leben. Du nimmst deine Erfahrungen mit. Du bist also in der Regel jedes Mal klüger und weiser. Du kennst deine Aufgaben. Du kennst deine Seele und deine Kraft. Du kennst die Energien, die dich leiten. Ich kenne sie. Kennst du die Deinen?"*

Alexandra: „Oh... , nicht sehr lange. Ich habe in den letzten Jahren viel verstanden, aber früher..., ich weiß nicht ..."

Sali: *„Ja, du bist zu dem Bewusstsein gelangt. Aber die meisten von euch nicht. Sie rennen durch ihr Leben, ohne sich umzusehen, ohne innezuhalten, ohne zu fühlen. Sie meinen, sie fühlen, aber sie fühlen nicht. Würden sie fühlen, würden alle fühlen, was wir Tiere fühlen, dann wäre die Welt nicht so, wie sie ist."*

Alexandra: „Und du meinst nicht, dass es auch eine Frage des Alters und der Reife ist?"

Sali: *„Das ist das Seltsame an euch Menschen. Ihr müsst reifen, um die Verbindung zu eurer Seele wiederzufinden ..., ihr denkt, ihr müsst älter sein ... Das ist falsch! Wenn ihr geboren werdet, habt ihr alle die Verbindung! Ihr verliert sie. Es ist kein Geschenk des Alters, es ist ein Verlust in der Kindheit.* (Er schüttelt den Kopf) *Das ist so verrückt!"*

Alexandra: „Lieber Sali, ich muss jetzt nachdenken. Darf ich wiederkommen?"

Sali: *„Gerne, gerne! Du findest mich! Grüß Sonja und vergiss nicht, was mir wichtig ist!!!"*

Alexandra: „Versprochen! Ganz fest versprochen!"

Das Herz
und die Wertschätzung der Welt

Anca war eine sehr kleine, liebevolle Hündin, die ich (Alexandra) als Welpe in Süditalien an einer Straße gefunden habe. Anca lebte 18 Jahre bei mir.

Alexandra: „Wie siehst du uns Menschen? Du bist eine ganz alte Seele und deine Einschätzung kann uns sehr wertvoll sein."

Anca: (nachdenklich) *„Die Menschen ..., welche meinst du?"*

Alexandra: „Wie verstehe ich das? Ich meine alle Menschen. Gibt es mehrere?"

Anca: *„Ja, da hat sich viel geändert. Die Menschen von früher, also viel früher als du, oder die von gestern und heute?*

Alexandra: „Ach so ..., ja das ist schwierig. Fangen wir mit den Menschen von heute und gestern an, also aus dieser meiner Zeit hier."

Anca: *„Okay, das ist aber das unschönere Kapitel.* (Sie legt sich neben meine Beine und schaut nach oben, ich setze mich neben sie)
Die Menschen, so wie du, oder wie die, an die du dich erinnerst und die du kanntest, bevor sie gegangen sind. Über die rede ich jetzt. Bis auf einige wenige habt ihr alle das Wichtigste verloren. Euer Herz! Mit Herz meine ich nicht das, was rhythmisch, zuverlässig in euch schlägt. Das ist natürlich noch da. Ich meine alles, wofür das Herz steht: Intuition, Bauchgefühl, Liebe, bedingungslose Liebe, unbegrenzte Liebe, nachhaltige Liebe, die Liebe zu euch selbst und damit verbunden die Wertschätzung für euer Leben. Ihr lebt, aber ihr preist es nicht."

Alexandra: „Was meinst du mit preisen?"

Anca: *„Wertschätzen und Loben. Ihr steht jeden Tag auf und denkt. Dann denkt ihr und denkt und denkt. Ihr meint etwas leisten zu müssen, seid voll von Pflichten, über die ihr sofort nachdenkt. Dann vergeht der Tag und ihr habt ganz viel gedacht, theoretisch Pläne gemacht, Bedingungen gefunden, die ihr erfüllen müsst, weil sonst eure Pläne, die ihr vorher erdacht habt, nicht funktionieren werden. Und so geht es den ganzen Tag lang, jeden Tag. Und dann – am Abend – kommt ihr zur Ruhe oder auch nicht.*

Aber nehmen wir mal an, ihr kommt zur Ruhe, dann spürt ihr plötzlich, dass ihr nur gedacht, aber nicht gefühlt habt. Und so geht das ein Leben lang. Wenn ihr dann spürt, dass ihr nicht gefühlt habt, fangt ihr entweder an zu fühlen und seid aber schon vom vielen Denken ganz müde. Also ist das Fühlen viel zu anstrengend. Dann lasst ihr es wieder sein. Wenn ihr zur Ruhe kommt und feststellt, dass ihr nur gedacht, aber nicht gefühlt habt, dann kann es auch sein, dass ihr zu müde seid, um noch zu fühlen. Dann ist der Tag ohne Fühlen ein verlorener Tag. Also ich sehe das zumindest so."

Alexandra: „Was muss passieren?"

Anca: *„Oh, das weiß ich nicht. Ihr könntet euch vornehmen, mehr zu fühlen, aber ob das reicht? So einfach ist es ja dann auch wieder nicht. Ihr habt ja durch eure Art zu leben ganz viele Verpflichtungen."*

Alexandra: „Ja, wir versorgen unter anderem die vielen Tiere, die wir haben. Wir versorgen unsere Familien und Freunde. Wir müssen vieles machen, was wir nicht machen wollen, weil wir sonst nicht überleben würden.

Aus diesem Kreislauf kommen wir ja nicht so schnell einfach raus ..."

Anca: *„Ja, das stimmt. Wir – meistens – profitieren davon. Ihr kümmert euch um uns. Es wäre schon viel einfacher, wenn ihr wenigstens in den Zeiten am Tag, an denen ihr euch um uns kümmert, fühlen würdet. Das würde euch viel geben ... Oder, wenn ihr mit Menschen* *zusammen seid, die Teil eures Lebens sind, die ihr mögt oder liebt. Dann hört auf, sofort Pläne machen zu wollen. Es ist wie ein Zwang bei euch. Ihr könnt nichts seinem Fluss überlassen. Ihr müsst alles planen. In eine Form pressen. Alles bei euch muss so oder so sein, nichts kann einfach sein! Sein im Sinne von Bestehen, Einfach-da-sein, einfach existieren. Ihr könnt nichts dem Fühlen überlassen, euer Kopf bestimmt alles. Was wäre denn mit Fühlen ohne Denken? Ohne Beschränkung? Einfach zulassen ... Und dann sehen, was kommt ..., denn es wird was kommen. Es kommt immer was. Das ist der Lauf der Welt, so unwichtig sie eigentlich ist."*

Alexandra: „Was meinst du damit? Die Welt ist unwichtig."

Anca: (lacht) *„Ich meine nicht, dass sie für euch unwichtig ist, aber im Großen und Ganzen, also im Universum, wenn man es so nennen will, ist die Welt nicht wichtig. Da sind ganz andere Energien, ganz andere Wesen, die so viel größer sind als alles, was wir uns vorstellen können. Und das wird unendlich existieren, das kann man nicht auslöschen. Das ist für die Ewigkeit. Wir sind nicht für die Ewigkeit, nur unsere Seelen. Und unsere Seelen fühlen das. Deshalb empfinden sie ja oft anders als wir das wollen. Unsere Seelen kann man nicht stoppen, wir können sie nur zur Seite drängen und versuchen, sie zu übersehen, weil wir ihnen nicht zuhören wollen. Also mit ‚wir' meine ich jetzt euch Menschen, wir Tiere tun das nicht.*

Wir haben unsere Seelen immer präsent. Wir wissen immer, was wir fühlen. Wir fühlen mehr als wir denken. Bei euch ist es umgekehrt. Das ist schade!"

Leben im Hier und Jetzt

Das ist eine so essenzielle Lektion zum Leben im Hier und Jetzt – die Gabe von Tieren. Diese Haltung wirkt sich positiv auf die Lebensqualität aus. Die Vergangenheit kann nicht geändert werden und die Zukunft ist noch nicht da, die zukünftige Realität voraussehen zu wollen, ist mit viel Unsicherheiten behaftet.

Einige Jahre war ich (Sabine) regelmäßig in Praxmar, in Tirol. Ein ganz besonderer kleiner Ort, 1.700 Meter hoch auf einem Berg gelegen. Dort waren auch im Sommer Gastpferde auf der Alm der Familie Melmer. In einem Sommer hatte ich eine damalige Freundin und zugleich Assistentin Kathrin (ich gebe ihr hier einen anderen Namen, da die Freundschaft später nicht mehr bestand und ich das Arbeitsverhältnis kündigen musste) eingeladen, mit in das Almhaus zu kommen. Wir gingen mit unseren beiden Hunden spazieren. Sie kann mit Tieren kommunizieren. Kathrin sagte, sie müsse zu dem Knappstrupper, der in der Herde stand, rüber. Er hatte sie gerufen. Das Pferd erzählte ihr von seinem früheren Leben. Mit dem weißen Fell mit den schwarzen Flecken erinnerte der Wallach an das Pferd von Pippi Langstrumpf.

Die Menschen haben ihm Mädchenkostüme angezogen und sich dann über ihn lustig gemacht. Ich war betroffen von der Behandlung und der Demütigung, die dieses Pferd erlebt hatte. Ich ging zu ihm hin, stand etwas tiefer auf dem Hang und begann ihn zu streicheln. In mir das Kopfkino, was ihm angetan worden war, Tränen in meinen Augen vor Mitgefühl.
Der Knappstrupper biss mir in den Oberschenkel. Ich erschrak, wich zurück, mit einem großen Bluterguss im Nachgang. Kathrin gab mir als Botschafterin seine Begründung weiter. Er habe das früher erlebt, das sei vorbei, liegt hinter ihm als Vergangenheit. Im Augenblick genieße er sein Leben in der Herde auf der schönen Alm. Das saftige Gras, auch nachts draußen zu sein in der Natur. Mein Mitleid will er nicht haben, war die klare Ansage.
Ich reflektierte darüber und verstand die Lektion. Eine ganz wichtige Botschaft, die uns die Tiere, vor allem Pferde lehren und vorleben. Abschließen, das nicht im Sinne von Verdrängen und nach vorne schauen. Nur im Jetzt und in der Zukunft können wir in unseren Leben etwas verändern.

Die Geschichte ist noch nicht zu Ende …
Im Sommer danach war ich in Praxmar, als die Gastpferde wieder auf der Alm waren. Ich ging den Hang rauf und setzte mich an den Fuß von einem großen Kreuz und schaute ins Tal. Da kam der Knappstrupper von hinten, ich hatte ihn noch gar nicht gesehen.

Dieses Pferd legte sich vor mich hin, angelehnt an meine Beine. Eine unglaublich schöne und sehr persönliche Geste von diesem Pferd. Ich hatte verstanden, was er nicht will.
Der Knappstrupper wird mich gemocht haben und anstelle des Bisses legte er sich zu mir. Bei Pferden ist es ein Zeichen großen Vertrauens, wenn sie liegenbleiben oder sich auf Kommando hinlegen. Sie sind Fluchttiere, das steckt in ihren Genen und prägt den Instinkt, bei Gefahr schnell fliehen zu können. Daher ist das wirklich etwas ganz Besonderes gewesen.
Ich spürte in dem Moment, dass ich eine besondere Beziehung zu Tieren haben kann. Es hat immer mit Energie zu tun. Tiere spüren das, vor allem Pferde sind da sehr feinfühlig. Das liegt ihnen in den Genen.

Peppy, ein Pferd von Alexandra, kam in einem Termin energetisch dazu, den ich (Sabine) mit einer Freundin hatte, die zuvor mit Alexandra wegen Peppy körperlichem Zustand gearbeitet hatte. Peppy ließ mir ausrichten, dass ich mein drittes Auge einsetzen soll, um energetische Arbeit mit Tieren zu machen. Er gab mir den Rat, mich mit einem Tier über dessen drittes Auge (der Punkt zwischen den Augen) zu verbinden und dann die gewünschte und erforderliche Energie zu schicken. Ich bin immer noch tief berührt, wenn ich daran zurückdenke.
Er hatte zuvor eine Zeit, in der es ihm gar nicht gut ging. Einen Brei aus aufgeweichten Gras Cops bekam er von

mir zusätzlich. Ich hielt ihm die Schüssel hin, stand dabei dicht vor ihm. Ab und zu legte ich meine Stirn auf seine und schaute in seine wunderschönen bernsteinfarbenen Augen.

Danke, lieber Peppy, ich weiß um dieses Geschenk deiner Botschaft für mich und werde in solchen Momenten gerne an dich zurückdenken.

Kapitel 5

Pferde und ihre besondere Beziehung zu ihren Menschen

5.1

Die Geschichte der Pferde

Mancher Leser wird fragen, warum wir uns mehr auf Gespräche mit Pferden beziehen, als auf Gespräche mit Hunden, Katzen und anderen Haustieren. Der Grund hierfür ist die Jahrtausende alte Geschichte von Mensch und Pferd.

Diese gemeinsame Geschichte findet ihren Ursprung in der Altsteinzeit. Pferdefiguren, Zeichnungen und Reste von Skeletten finden sich in zahlreichen Museen. Diese Fundstücke sind bis zu 40.000 Jahre alt! Für uns eine unvorstellbar lange Epoche.

Anfangs dienten die Urpferde hauptsächlich als Nahrungsquelle. Die ersten Belege für domestizierte Pferde, die sogenannten Hauspferde, datieren auf die Zeit um 3000 v. Chr. Man fand diese Belege im Alten Ägypten.

Ich möchte ein paar markante Beispiele der gemeinsamen Geschichte von Mensch und Pferd erwähnen: *Hannibal*, ein karthagischer Heerführer, zog im Jahre 218 v. Chr. über die Alpen, um einem römischen Angriff auf Spanien und Nordafrika zuvorzukommen.

Die legendäre Alpenüberquerung, die in keinem Geschichtsbuch fehlen darf, wäre ohne Elefanten und Pferde nicht gelungen. Sein Heer bestand aus etwa 50.000 Kriegern, etwa 30 Elefanten und etwa 10.000 Pferden und Reitern.
Durch *Christoph Kolumbus* erreichten bereits im Jahr 1492 die ersten europäischen Pferde Amerika.

Auch die Kolonialisierung Amerikas durch Spanien um 1500 wäre ohne Pferde nicht gelungen. Und bereits 60 Jahre später lebten die ersten verwilderten Hauspferde (etwa 10.000 Stück) frei in Mexiko, wenig später auch in Nordamerika. Etwa 30% der heutigen Mustangs weisen Gene europäischer Rassen auf.

Seit Jahrtausenden ist das Pferd ein Zeichen in der chinesischen Astrologie.
Chinesische Legenden erzählen von einem Beginn der chinesischen Astrologie bereits um 2500 v. Chr. Seit damals werden dem Pferd, als einem von zwölf Tierkreiszeichen, die Eigenschaften ‚energiegeladen, aktiv, unabhängig, zielstrebig und fähig, schnell Entscheidungen zu treffen' zugesprochen. Eigenschaften, die bis heute gelten.

Als Wappentier findet sich das Pferd häufig in den Wappen deutscher Kaiser und Könige. Es steht für Stärke, Schnelligkeit und Kriegserfolge.
Als Schachfigur leiht das Pferd dem ‚Springer' seine typische Form als Pferdekopf. Der Springer auf dem Schachbrett zieht schnell, weit und hat einzigartige

Bewegungsmuster. Als einzige Figur beim Schach darf der Springer andere Figuren überspringen und welches Lebewesen sollte das besser verdeutlichen als ein Pferd?

Diese weit zurückreichende gemeinsame Geschichte von Mensch und Pferd bildet die Basis des großen Wissens der Pferde über den Menschen.
Das Pferd, als hoch sozialisiertes Herdentier, dessen Überleben seit Urzeiten von der Herde abhängt, analysiert folglich seit Jahrtausenden den Menschen. Sowohl in Gefangenschaft als auch in freier Wildbahn durchaus eine überlebensnotwenige Fähigkeit.

Viele der Pferde, mit denen wir im Laufe der letzten Jahre gesprochen haben, können auf einen reichen Erfahrungsschatz aus früheren Leben zurückgreifen. Sie sind sich der gemachten Erfahrungen sehr bewusst und gerne bereit, darüber zu berichten. Sie ziehen Schlüsse aus dem Erlebten, beobachten genau und haben einen unglaublich klaren Blick auf den Menschen.
Durch ihre ausgeprägte Empfindsamkeit, ihre hohe soziale Kompetenz und einer Herdenstruktur, die der sozialen Struktur der Menschengesellschaft durchaus in vielen Bereichen ähnelt, analysieren sie uns genau und meist sehr treffend. Und es ist genau diese Analyse, die uns unglaublich wertvoll sein kann, wenn wir ihren Botschaften lauschen.

5.2

Pferde verkörpern Loyalität, Liebe und Kraft

„Du kannst dem Pferd nur auf Augenhöhe
und in Demut begegnen.
Wenn du dich einem Pferd anvertraust,
dann hilft es dir,
du selbst zu werden.
Das Pferd hilft dir, deine Natur zu erfahren,
ebenso deine Menschlichkeit.
Das ist seine Aufgabe.
Menschen brauchen die Tiere,
um ihren wahrhaftigen Kern zu entdecken."

Manuel Jorge de Oliveira

Einer der alten Reitmeister mit einer unglaublichen Verbindung zu Pferden. Dieses Zitat hing 2024 in der Reithalle in den Oliveira Stables in Waal.

Als ich mit Bo über ‚den Auftrag, die Lebensaufgabe, eines jeden Tieres' sprach, erwähnte er meinen alten Quarter Horse Wallach Peppy, mittlerweile verstorben:

Bo: *„Ihr denkt, wenn jemand zu euch lieb ist, weil er einen Auftrag hat, dann ist das keine echte Liebe. Aber das stimmt eben nicht. Die Liebe kommt auch durch das Wesentliche in uns. Wir Tiere können es nur einfacher gestalten und geben uns dem hin.*

Wir zweifeln nicht so viel an allem. Nimm Peppy, er hat schon viel gelitten, hier und in seinen vorherigen Leben. Aber er hat das Wesentliche bei dir gefunden. Es ist das Vertrauen.
Seine Aufgabe ist es, dir zu vermitteln, dass du vertrauen kannst. Dadurch dass du dich um sein Vertrauen so bemühen musstest, du hast es ja geschafft, hast du gelernt, dass es Zeit braucht, dass du geduldig und liebevoll sein musst. Du hast gelernt, kleine Schritte zu machen. Du hast gelernt, noch feinfühliger zu werden und bist dabei trotzdem stark.
Was meinst du, was dir das heute hilft ...
Als du dann sein Vertrauen hattest, musstest du lernen, ihm zu vertrauen. Das war der nächste Schritt. Es hat gedauert, bis du ihm vertraut hast ..., aber du hast es und tust es bis heute. Diese Wärme, die kanntest du nicht. Und es ist gut, dass du sie jetzt spüren kannst. Du sagst immer, er gibt dir Energie. Aber du weißt nicht, durch was er dir diese Energie geben kann, oder? Na?“

Alexandra: „Du hast recht, so genau weiß ich es nicht. Er ist sehr athletisch und immer voller Power ...“

Bo: *„Heute doch schon viel weniger als früher, als er jung war ..., und trotzdem gibt er dir Energie ..., wie erklärst du das?“*

Alexandra: „So gesehen gar nicht ...“

Bo: *„Eben, es ist nicht die Energie, die dir Power gibt, auch wenn es sich so anfühlt. Es ist die Wärme und das*

Vertrauen, vor allem das Vertrauen, das er schenkt. Das gibt dir Energie. Und du gibst ihm das auch, deshalb ist er noch immer mit 100% dabei."

Ich sprach mit Bo über seinen langjährigen Koppelpartner Lucky über dessen Aufgabe.

Lucky ist 32 Jahre alt und wird mittlerweile fast ausschließlich von einem Geschwisterpaar im Alter von 11 und 8 Jahren geritten. Er hütet ‚seine Kinder' auf seinem Rücken wie einen wertvollen Schatz, er passt sein Tempo im Trab und Galopp dem unterschiedlichen Können der beiden Kinder an.

Bo sagte dazu: *„Schau dir die Kinder (die Geschwister) an ..., hätte einer von euch klugen Menschen je darüber nachgedacht, dass es eines von Luckys Wesentlichen ist, dass die zwei diese Liebe für ihn empfinden und er sie ihnen zurückgibt. Er lehrt sie Respekt und Liebe. Das ist seine Aufgabe und er liebt es. Es kann auch kein anderer von uns so wie er. Er ist fantastisch in dem, was er macht und wie er es macht. Er wird irgendwann in Frieden gehen können, weil er sein Wesentliches mehr als erfüllt hat."*

Mit Hermès hatte ich (Sabine) wenige Monate, nachdem er bei mir in Bayern war, einen Reitunfall. Ich lag auf dem Boden, hatte drei Brüche und mein Pferd stand am ganzen Körper zitternd, von meiner Freundin Julia gehalten, in der Reithalle. Es folgte eine Operation und

wochenlange Rekonvaleszenz, bis ich wieder normal laufen und dann auch wieder reiten konnte.
Der Unfall, der Schock saßen noch in mir, meinen Körperzellen und in meinem Unterbewusstsein.
Auch wenn ich das nicht wollte, ganz und gar nicht. Ich stieg in den Sattel und meine Freundin Astrid, die zu dem Zeitpunkt im Stall war, führte mich mit Hermès und Longe. Ich war sicher noch angespannt. Ein junges Pferd dazu und ich war keine sichere Reiterin. Ein Gespräch, das Denise in meinem Auftrag führte, brachte in meinem Kopf die Wende. Seine Weisheit und praxisnahe liebevolle Bitte:
„Wir müssen beide lernen mit der Herausforderung – ich will es nicht Angst nennen – umzugehen. Schritt für Schritt zusammenwachsen. Was soll denn schon passieren, ich liebe sie doch."

Das war ein so großes Geschenk für mich, immer wieder rief ich mir diese Worte und seine zum Ausdruck gebrachte Liebe zu mir in der Folgezeit in Erinnerung. Ich spürte Zuversicht und Vertrauen wachsen, wenn ich bei meinem Pferd war. Ich vertraute vor allem ihm und das hat mein Pferd auch verdient.

5.3

Pferde als natürlicher Coach für Menschen

Pferde sind die Hüter einer ganz alten Weisheit, wie schon das Kapitel ihrer Geschichte andeutete. Trotz der sich über Jahrhunderte erstreckenden Domestizierung haben sie sich ihren Instinkt und ihre Intuition bewahrt. Über viele Generationen hinweg haben sich die wesentlichen Lebensthemen nicht verändert:

Begegnungen mit einem anderen Pferd oder in Herden, Struktur und Ordnung in einer Gruppe herzustellen – mit entsprechender Hierarchie und verteilten Rollen. Das impliziert für jedes Pferd, den eigenen Platz in dem Gefüge zu finden. Es geht um die normalen Grundbedürfnisse, miteinander zu grasen, zu trinken, Ruhe zu halten, zu spielen und ganz wichtig auch, aufeinander aufzupassen.

Die Seele eines Pferdes zu erkennen und zu würdigen, führt zu einer besonderen Bindung zwischen Mensch und Pferd. Es geht um Liebe, Respekt und vor allem Vertrauen, eine wichtige Basis. Als Fluchttier haben sie es in den Genen, ihre Umgebung immer genau zu beobachten und somit auch Menschen zu screenen, die ihnen begegnen. Pferde spüren sofort, wie ein Mensch mit ihnen umgeht, ob er sie wahrnimmt in ihrem Wesen und ob sie ihm ihr Vertrauen schenken können.

Das Vertrauen eines Pferdes entwickelt sich, zuvor darf sich der Bezugsmensch als vertrauenswürdig und zuverlässig erweisen. Sie spüren Energien und auch die Verfassung des Menschen, dem sie gegenüberstehen. Sie hören unseren Herzschlag aus vielen Metern Entfernung. Mit dieser Spürqualität nehmen sie wahr, wenn ein Mensch Angst hat, ob er wohlwollend gegenüber dem Tier ist, und andere Gefühle und Einstellungen. Ein offenes Herz und Respekt schätzen diese feinfühligen Tiere besonders. Sie lesen auf perfektionierte Weise unsere Körpersprache. Das hat für Pferde eine große Bedeutung, auch für die Rollenverteilung, wie in einer Pferdeherde. Ist der Mensch souverän, authentisch, passen Körpersprache und Stimmausdruck zusammen und mehr, das spiegeln die Pferde durch ihre Resonanz. Vor diesem Hintergrund – und mit ihrer Weisheit, die in diesem Buch deutlich wird, eignen sich besonders Pferde als natürlicher Coach für Menschen.
Es ist unglaublich, muss wirklich erlebt werden, um es zu verstehen, wie gut Pferde darin sind, einen Menschen, den sie nicht kennen, zu lesen. Sie sind immer ehrlich und wertfrei. Pferde zeigen durch ihre Reaktion auf, worum es geht.
Es ist für beide Beteiligten eine gemeinsame Reise. Erdung und auch die Natur sind für Pferde normal und für den Menschen ebenso wichtig. Pferde kennen es nicht anders:

„Pferde sind lebendige Brücken zur Natur
und damit zur göttlichen Ordnung.
Durch ihre Verbindung zu den Urkräften
(Urliebe, Urweisheit und Urmacht)
fungieren sie als Wegweiser zu einer tieferen,
geistigen Ebene des Seins.
Sie führen uns zurück in die Balance mit uns selbst
und unserer Umgebung, indem sie uns lehren,
innere Ruhe und Gleichgewicht zu finden,
die oft im hektischen Alltag verloren gingen“,

sagt und schreibt Alexandra Rieger. [*14]

Pferde haben in ihrer Welt eine tiefe und vor allem transformative Kraft. Rationale Analysen und der Verstand kommen da nicht hin. Sie können mit ihrer Weisheit so vieles erspüren.
Pferde sprechen die Sprache der Seele!
Sie kommunizieren und reagieren genau auf dieser Seelenebene. Sie führen uns ins Hier und Jetzt! Das allein durch ihre Präsenz, wenn wir uns darauf einlassen. Um einen Menschen in eine gewollte energetische neue Ausrichtung zu begleiten, sind sie ideale Mentoren. Tiefere Ebenen des Seins werden entdeckt und können bei Bedarf auch Heilung durch die Mitwirkung der Pferde erfahren. Über ihre eigene Präsenz – auch die energetische – die Kraft und ihr authentisches Sein sind Pferde sehr gute Lehrer. Sie reagieren mit Unbestechlichkeit und meist in liebevoller Art auf den Menschen, individuelle Themen und persönliche Ziele.
Coaching, unterstützt mit Pferden, wurde mein Ziel und meine Passion, mit entsprechenden Ausbildungen.
Mein Pferd Hermès nimmt diese Aufgabe sehr gerne wahr: *„Ich werde diese Aufgabe ehrwürdig machen, es ist mir eine Ehre.“* Dass ich mit Tieren sprechen kann, kommt mir beim Coaching zugute.

Hier eine Impression von einem pferdegestützten Coaching mit einer jungen Frau über ihre Herzens-qualitäten.

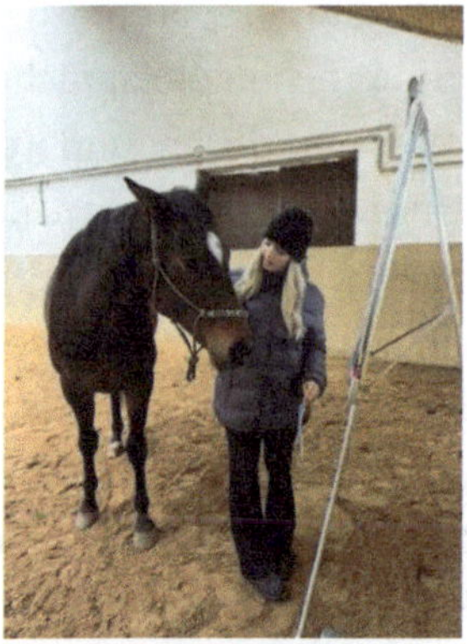

Kapitel 6

Schlusswort

Wir beide erfüllen mit diesem Herzensprojekt unsere Mission für die Tiere und unsere Tiere. Sichtbarkeit für das Kommunizieren mit Tieren zu schaffen, denn aus ihrer Sicht ist es ganz normal. Ein Herzensanliegen ist es für uns, die Botschafterinnen zu sein, um für diejenigen, die unser Buch lesen und weiterempfehlen das Bewusstsein der Menschheit zu fördern, dass Tiere so viel zu sagen haben. Sie sind unsere Mit-Autoren und prägen den einmaligen Charakter und Inhalt dieses Buches.

Wir lassen Jaly zum Schluss noch einmal zu Wort kommen, die unsere Intention für dieses Buch aus Sicht der Tiere unterstreicht. Es ging um eine Empfehlung von ihr in einem Gespräch:

„Deshalb sollt ihr mit uns sprechen, deswegen sind wir hier, um euch immer wieder Wichtiges aufzuzeigen, denn es zu wissen, es aber nicht umzusetzen, das macht keinen Sinn. Deswegen muss man es einfach mehrfach hören, damit es sich verfestigt, damit ihr da rausgeht und allen zeigt, was Selbstliebe ist und telepathische Kommunikation mit uns Tieren! Wir können sprechen, nur auf eine andere Art und Weise und?
Ist es deswegen falsch oder weniger wert?

Alle Menschen, die die Augen davor verschließen, sind in einer Art Zeitschleife gefangen, sie kennen sich selbst nicht. Manchmal muss man eben aus der Komfortzone raus, um neue Wege zu gehen und Neues zu lernen. Anstatt dass diese Miesepeter-Menschen mal darüber nachdenken, dass sie auch vieles erlernen mussten, dass nichts einfach so ging und das hat auch alles niemand infrage gestellt, ob das gehen wird. Nein, es wurde einfach gemacht und genauso ist es mit der Kommunikation.
Deswegen sage ich ja, sprechen, sprechen, sprechen mit uns Tieren. Es wird niemals verlernt, doch wenn es nicht so verinnerlicht wird und nicht regelmäßig praktiziert wird, dann kommen Zweifel hoch. Dann kann es mal holperig werden, aber wir (Tiere) bleiben dran.
Ihr bleibt alle dran, wir können es ja und was glaubt ihr bitte, wie wir Tiere uns freuen, wenn wir von unseren Menschen mal auf eine andere Art und Weise etwas zu hören bekommen."

„We are blessed with the beloved animals – travelling with us on our common soul journey. The unconditional love they contribute to our life, which embraces our hearts, stays as an everlasting heart connection for our lifetime."

Sabine Zimmerman

Danksagung

Wir wissen unser Glück zu schätzen, diese Tiere in unserem Leben an unserer Seite zu haben. Sie begleiten uns und machen uns viel Freude – auch aus dem Spirit. Und sie schenken uns ihre Liebe, jeden Tag. Dankbarkeit empfinden wir, dass wir dieses Buch – eine ehrwürdige Aufgabe – nicht nur für die Tiere, sondern mit den Tieren, die eine Stimme bekamen, zusammengeschrieben haben. Ihre eigenen Botschaften bringen den authentischen Charakter ein.

Wir empfinden es als glückliche Fügung, dass ich (Alexandra) im Internet auf den Noel Verlag aufmerksam wurde. Wir haben unser Manuskript bei einigen Verlagen eingereicht. Die Verlegerin, Elke Link, schrieb uns, dass Sie unser Buch gerne verlegen möchte, weil es so gut in das Verlagsprogramm passe. Sie weiß, dass es Tierkommunikation gibt und hat selbst die Erfahrung gemacht. Wir schwingen auf einer Wellenlänge.

Wir danken Elke Link von Herzen dafür, dass wir dieses besondere Buch, gemeinsam mit dem Noel Verlag, auf den Weg in die Öffentlichkeit bringen!

Über uns Autorinnen

Mein Name ist Sabine Zimmermann.
Diese Informationen über mich und sehr persönliche Hintergründe aus meinen Leben und Erleben habe ich bewusst so offen für dieses Buch verfasst.
Ich wurde 1964 geboren. Meine Eltern waren die sogenannte ‚Kriegsgeneration'. Diese hat aufgrund ihrer sehr schweren und beeinträchtigten Kindheit, mit viel Entbehrung, Ängsten und auch bleibenden Traumata ein Problem gehabt, Liebe zu zeigen. In unserer Familie gab es einige Kindermädchen. Kein Ersatz für Mutterliebe. Ich begriff erst viele Jahre nach ihrem Tod, warum unsere Mutter so unglücklich und krank war. Es hatte einen karmischen Hintergrund.

Arco war ab meiner Geburt der erste Hund in meinem Leben. An ihn erinnere ich mich nicht mit Details, weil ich damals noch ein Kleinkind war. Dennoch früh prägend, denn ich schätze es sehr, einen Hund bei mir zu haben.

Viele Erlebnisse, die sich auf Seelenebene auswirkten, führten dazu, dass ich mein Herz verschloss, ohne es zu bemerken.
Enttäuschungen in der Kindheit, die ich hier nicht beschreibe mit Liebe und Respekt meinen Eltern gegenüber, Erfahrungen wie Heimweh im Internat nach der Scheidung, führten zum inneren Rückzug. Hier begann die Leidenschaft für Pferde ...

Mit 10 Jahren kam ich ins Internat und war jeden Tag bei ‚meinem' Pony, so oft es mir möglich war.
Mit meinem heutigen Wissen über das Wesen der Tiere weiß ich, dass ‚Bennie', als mein Herzschmerz-Tröster, viel ausgehalten und soweit möglich ausgeglichen hat.
Als ich wieder für die letzten drei Schuljahre wieder nach Hause kam, ergänzte uns ‚Bonnie', ein Gordon Setter. Ich mochte die Hündin, hatte jedoch keine so tiefe Verbindung wie später mit meinen eigenen Hunden.

Ich komme zurück auf das verschlossene Herz, ein Abschotten von und vor Gefühlen, ist eine der traurigen Konsequenzen. Ein Schutzmechanismus, den die Körperintelligenz u. a. dann mit Angst vor Nähe, innehat.

Ich habe vor vielen Jahren eine Familienaufstellung gemacht.
„Du fühlst nichts", sagte mir der ausführende kompetente Leiter (von Bert Hellinger ausgebildet).
‚Puuh, schwere Kost', dachte ich mir, ‚ich fühle doch normal', dachte ich, konnte das nicht deuten. Mein Verstand dominierte mich und mein Verhalten damals.
Und hier kommen meine Tiere ins Spiel, die eine entscheidende Veränderung meines Seins und Herz-Energie möglich machten.
Ein Jahr, nachdem ich mich beruflich selbstständig gemacht habe, wurde Neo mein Fellnasen-Begleiter. Ich wollte schon seit der Internatszeit später einmal einen Labrador haben. Wie in unserem Buch beschrieben, war er mein ‚Guardian' (Begleiter) und ‚Spiritual Teacher', was mich Madeleine Walker wissen ließ. Dieses Geschenk war mir nur die ersten zehn Jahre nicht bewusst, da ich selbst noch gar nicht so weit war, diese spirituelle Seite des Lebens und in mir zu (er)kennen.
Die Tiere haben das von Natur aus, sie sind geerdet und verfügen über eine spirituelle Weisheit, wie die vielen Botschaften und Weisheiten in diesem Buch bestätigen. Insbesondere Pferde, die in der Natur leben, so war es früher ...
Neo sagte nach seinem Übergang, er sei zu mir gekommen, um mich bedingungslose Liebe zu lehren, denn das habe ich nicht gekannt. Ein wesentlicher Teil seiner Lebensaufgabe bei mir.

Mein nächster Hund, Jaly, eine Labrador-Hündin wurde von einer Tierschutzorganisation gerettet.
Neo hatte mir Jaly für meine Herzöffnung geschickt. Ihr Knochentumor stellte uns beide vor besondere Herausforderungen. Der Abschied war für uns deshalb schwer. Auf Seelenebene haben wir eine innige Verbindung und die bleibt.

Nilya, die junge Hündin die ich jetzt habe, schickte Neo mir für Lebensfreude und Leichtigkeit. Jetzt geht es um eine andere Qualität in meinem Leben und Alltag. Auch wenn Herausforderungen auftreten, dieser Labrador lässt mich dennoch viel lachen und ihre überschäumende Energie ist ansteckend. Sie animiert mich aktuell, ich möge mehr rausgehen (mit ihr), um mein Licht in die Welt zu tragen.

Meine persönliche Entwicklung und Entfaltung begann vor allem auf Herzebene. Mein Vater sagte nach seinem Tod, er sei stolz auf mich, ich habe meine eigene Identität gefunden. Ein wichtiger Punkt, sich selbst zu kennen sowie die Stärken und Schwächen. Die Frage, ‚wer bin ich' beantworten zu können ...
Die eigene Persönlichkeit und Ausstrahlung, die nach außen wirkt, entsteht und das nicht über Nacht. Heute bin ich zudem sehr empathisch und vor allem, wenn es um Tiere geht, spüre ich mit und weine auch mal.
Heilung unterstützende Energiearbeit für Tiere ist mir ein Herzensanliegen. Tierkommunikation zu lernen war eine Folge aus der Zeit mit Neo.

Ihm verdanken wir dieses Buch, ursprünglich mein Auftrag, der zu einer gemeinsamen Mission für mich und Alexandra wurde.

Hermès lehrt mich Freiheit und Mut – und viel mehr. Er kommt aus dem Gestüt Panker in Schleswig-Holstein, riesige Koppeln gibt es dort. Er will Weite um sich, frei sein und keine Zäune und Begrenzungen um sich, sagte er Alexandra. Das ist nur bedingt in Ställen umsetzbar. Ich bin selbst sehr freiheitsliebend, verstehe ihn gut. Da ist noch Luft nach oben ... Freiheit als Wert und Wunsch eint uns. Ein Geschenk ist die enge Verbindung, die wir beide haben und das Vertrauen, das er mir schenkt. Pferde sind unser Spiegel und ganz besondere Begleiter.

Eine schöne Herausforderung und das Lehren und Lernen hört nie auf. Die Gabe der Pferde, Menschen bis auf die Seelenebene zu erkennen, macht sie zu wertvollen Lehrmeistern.

Vor vielen Jahren hat mir eine Astrologin gesagt, ich würde später in meinem Leben etwas Heilendes als meine Berufung machen. Das ist zirka 20 Jahre später so gekommen: Als Achtsamkeits- und Mentaltrainerin, auch mit Pferdebegleitung, unterstütze ich Menschen. Bei Alexandra Rieger mache ich eine Ausbildung zur Raidho-Trainerin. Pferde sind dabei sehr wichtig – als Coach!

Alexandra lehrt uns auch schamanische Weisheiten und viel über die Pferde und ihre Seele. Mein Pferd liebt es, mein Co-Coach zu sein. Meine eigenen Erfahrungen, gewonnene Lebensweisheit, viele Erkenntnisse, Krisen zu überstehen und daran zu wachsen, als auch das Wissen um die Bedeutung von Erdung und Anbindung bringe ich beim Mentoring mit. Die eigenen Werte zu erkennen und sich selbst treuzubleiben, das ist ein Teil meiner Lebensphilosophie. Die eigene Herzintelligenz zu entdecken und zu nutzen, ist ein Geschenk, das jeder Mensch annehmen kann. So war mein Weg und diese Reise – mit meinen Tieren als Unterstützer – und sie ist noch nicht zu Ende.

www.sabinezimmermann.eu

Mein Name ist Alexandra Höchstetter.

Tiere begleiten mich bereits mein ganzes Leben, seit frühester Kindheit ... ein Leben ohne Tiere ist für mich seit jeher unvorstellbar. Seit Geburt war ich von Hunden umgeben und seit meinem 5. Lebensjahr reite ich. Auf Turnierplätzen war ich nie zu Hause, dafür schon immer im Wald, zu Fuß und auf dem Pferderücken oder auf Ranches beim Rinderhüten und Rindertreiben.

Die jahrelange Arbeit in einer Pferde- und Kleintierklinik, das ehrenamtliche Engagement im Tierschutz hier in Deutschland und in Italien hat mich mit einer Vielzahl unterschiedlicher Tiere in Berührung gebracht und was ihnen allen gemein ist, ist ihre Einzigartigkeit. Kein Wesen gleicht dem anderen, keine Situation, keine Begegnung gleicht der anderen. Jedes Tier hat seine Würde, seinen ganz eigenen Ausdruck, seine eigene Sprache und vor allem, seine besonderen Bedürfnisse. Dem gerecht zu werden und jedem Einzelnem zu entsprechen ist mein Anspruch.

Die Ausbildung zur Tierkommunikatorin und Tierenergetikerin habe ich daher in der Schweiz gemacht, da mir das Angebot des dortigen Instituts ‚Seelenkraft', geleitet von Sybille Lüthi, das Umfassendste und Seriöseste schien.
Die Lektüre und das Studium der Werke von Penelope Smith, Madeleine Walker und Marta Williams vervollständigen das Verständnis der stillen Zwiesprache zwischen Menschen und Tieren, egal um welches tierische Wesen es sich handelt.

Die Botschaften der Tiere haben mich von jeher fasziniert und begeistert. Sie sind Weckruf, Balsam für die Seele, Ratgeber, Entdecker und Lotse gleichermaßen.

Viele Tiere, mit denen ich sprechen konnte, sind geleitet von dem Willen zu helfen, zu unterstützen und zu erklären.
Ihre Zuneigung zu uns Menschen ist geführt von ‚vorbehaltloser Liebe', wie es Neo, der Hund von Sabine Zimmermann, in einem Gespräch mit mir so treffend formulierte.
Viele ihrer Botschaften gehen weit über das Gefragte hinaus und wer zuhört – mit offenem Herzen – wird bereichert und klüger aus den Gesprächen herausgehen.
Ein Tierkommunikator hat die Möglichkeit auf sein eigenes spirituelles Team zuzugreifen. Mein spirituelles Team wird seit jeher angeführt von Bo, meinem verehrten Quarter Horse, der mir schon diverse Botschaften der Tiere nahegebracht und erklärt hat. Auch andere Mitglieder meines Teams bereichern durch ihr Wissen und ihre Kenntnisse meine Gespräche mit Tieren.

Viele meiner Gespräche mit Tieren beschäftigen sich mit Alltagsschwierigkeiten oder gesundheitlichen Herausforderungen der Tiere und/oder ihrer Menschen. Im Laufe der Gespräche kommt dann häufig zutage, dass mein Gesprächspartner oder -partnerin noch so viel mehr zu sagen hat ..., an diesem Punkt wird es dann richtig spannend.

Ich sprach vor längerer Zeit mit einer Stute, die unter der emotionalen Kühle ihrer Besitzerin litt. Die Besitzerin, eine aufgrund eigener traumatischer Erfahrungen verhärtete junge Frau, wollte von mir wissen, warum ihre Stute Maria nicht so funktioniere, wie sie sich das wünschte. Ein Ansatz, der mir bereits in sich widerspricht: ein Tier ‚funktioniert' nicht. Aber als Tierkommunikatorin ist es nicht meine Aufgabe, den Menschen ins Gewissen zu reden, sondern die Botschaften der Tiere zu überbringen, vielleicht zu übersetzen. Mehr nicht!

Maria erzählte und erklärte mir sehr eindrücklich ihr Verhalten, das sie absichtlich an den Tag legte. Sie wollte ihre Besitzerin auf ihre emotionalen Blockaden und ihr ‚eingefrorenes Inneres' aufmerksam machen.

Maria fühlte sich durchaus in der Lage, mit ihrer Besitzerin zusammen an der Aufarbeitung und Lösung derer Traumata zu arbeiten. Dazu müsse die junge Frau sich ihr emotional ein wenig öffnen und bereit sein, ihre Wärme, die Sicherheit und ihre Liebe anzunehmen. Eine Liebe, von der Maria sagte, die bedingungslos und aufrichtig sei. Sie selber, Maria, sei in ihren vorherigen Leben durch viele Hände gegangen, sei mit ihrem Soldaten in den Krieg gezogen und dort verwundet zurückgeblieben. Sie sei durchaus auch schlecht behandelt worden, habe Hunger und Durst durchlitten. Trotzdem sei es ihre Aufgabe, die sie sehr liebte, in diesem Leben die eingefrorene Seele ihrer jungen Besitzerin aufzutauen, sie zu wärmen und sie zu stärken.

Maria zeigte mir sehr eindrücklich die Weisheit und die Klarheit der Tiere in unserem Umfeld. Obwohl sie vielleicht schlimme Erfahrungen gemacht und Schmerzen

und Not erlebt haben, sind sie bereit, ihrem Menschen beizustehen, ihn zu heilen, zu wärmen und zu stärken. Obwohl Maria schlimme Erfahrungen gemacht hat, sieht sie es als ihre Aufgabe, ihrer entgegenschlagenden Kühle und Verhärtung mit Liebe und Wärme zu begegnen, und sie tut dies frei von Verbitterung. Nicht jedes Tier ist in der Lage, wie Maria, mit erlittenen Qualen umzugehen. Es gibt auch solche Tiere, die aufgrund erlittener Qualen und Traumata nicht mehr in der Lage sind, Menschen an sich heranzulassen.
Diese armen Kreaturen gilt es so zu akzeptieren und ihnen in ihren Schmerzen und Ängsten zu helfen. Gleichzeitig muss sich der Mensch vor ihnen schützen. Eine ebenso schwierige wie anspruchsvolle Aufgabe. Aber von diesen armen Geschöpfen handelt dieses Buch nur am Rande.

www.klaerende-gespraeche.de

Foreword from Madeleine Walker (Original in Englisch)

It is such a privilege to be invited to contribute to this book, as it has been my mission for at least 20 years to raise awareness of the profound connections our animals have with us. Many of us are now being opened up to the concept of animal communication and that perhaps animals can be our greatest teachers and healers.

Ever since I first cuddled a little Jack Russel puppy called Sam in 2002, my life has been changed forever. He started 'talking' to me about animal and human, reincarnation and how we can journey through many lifetimes together as 'soul family', in many different forms and relationships, sometimes enduring painful traumas. These traumas can impact on us in our current lives, both emotionnally and physically, as they can be stored at a cellular level or in our so called 'junk DNA'.

Our domestic animal companions work so hard to support us on our life journeys, often taking on our emotional and physical challenges, mirroring that which we need to address and release. This enables great healing and deeper understanding of how we might grow and learn from our struggles. One of the most important messages from the animal kingdom is about reclaiming our power in re-empowerment and profound remembering, that we are so much more than we may have previously believed, or been conditioned to believe. The animals teach us that we are all multi-dimensional beings, choosing incarnations that support our soul growth. How wonderful that our animals are able to guide us through these journeys of remembering!

Opening our hearts can be so hard for us humans. We hold so much hurt and pain within us, through grief and guilt, which we internalize, often perpetually punishing ourselves. Our emotional 'baggage' is a very human construct, which animals often find frustrating, when they are trying to re-educate us, as Bo, one of the horses from Alexandra and Neo, the first dog from Sabine (and other animals from clients i.e.) often talk about in the following chapters.

Horses taught me how we can return to past life traumas and 're-write' the script, creating a whole new dimension, where the trauma never happened, only allowing the new 'story' to impact and recalibrate our DNA.

A cat taught me about pre-birth soul contracts, where we all meet and decide who and when we will all reunite for the highest potential soul growth. She also gave me the technique to return to the meeting and create a new contract, releasing some of the very difficult life lessons we experience, so that we may grow through joy and love.

How amazing that animals are so committed to helping us on so many levels! As you progress through each chapter in this wonderful book, you will increasingly

become more and more aware of just how amazing our animals are.
Never underestimate what they know about us. Never dismiss their depth of wisdom, as the authors discover on their shared journeys with their animals.Trust that what you intuit from your animal is valid. You will recognise your soul connection through their eyes. It is said that our eyes are the windows to our souls and this is so true, when you just seem to know that your new dog or animal companion, is your old friend who has returned. My dear dog Winnie told me, just before she transitioned to spirit, "There are no endings, only new beginnings".
The animals have always been there for me through many life challenges. Taking me on a roller coaster ride of adventures around the globe connecting with wild species in their natural habitats. Although their messages are more about planetary healing, it is us humans, as earth guardians, who have to realy listen to the teachings of the animals for *all* of our futures. The only way forward for us all, is to embrace the concept of interspecies unification, where we may live in harmony with nature and ourselves, as open-hearted beings.
May this book open your heart and instill deep respect for your animal friends and all they are so willing to share with you, as a blessed gift. We are indeed *truly* blessed to share our lives with such beautiful teachers.
INJOY! www.madeleinewalker.co.uk

Quellenverzeichnis

Dahlke, Dr. Rüdiger und Baumgartner, Irmgard
"Das Tier als Spiegel der menschlichen Seele"
(Zitate *9-12) Goldmann Verlag

de Saint Exupery, Antoine
"Der kleine Prinz" (Zitat *8) Rauch, Karl Verlag

Schneider, Dr. Petra
"Die Seele verstehen – Zugang zur Seele und den geistigen Helfern" (Zitate *5,6,7 u. 13) Windpferd Verlag

Reeves, Keanu
Ein Zitat von ihm auf facebook (Zitat *4)

Rieger, Alexandra
"Wie ich die heilende Kraft der Pferde entdeckte"
(Zitat *14) Chrystal Verlag

Turner, Tina
Text eines Liedes, von ihr gesungen (Zitat *3)
CD "Love within beyond", eigene Produktion/Zürich

Walker, Madeleine (Zitate *1 u.2)
Aus einem Gespräch mit ihr über unser Buch

Die Website zu unserem Buch:

www.gebt-uns-eure-stimme.de

Weitere Informationen zu dem Buch:

Sybille Lüthi www.seelenkraft.ch
Alexandra Rieger www.raidho-healinghorses.com

Der Tierschutzverein Vergessene Pfoten e. V.
www.vergessene-pfoten-stuttgart.de

Einige Fotos sind von professionellen Fotografinnen und einem Fotografen:

Susanne Wissnet www.swidesign.de
Heike Steuer www.heikesteuer-photography.com
Christof Mattes www.christofmattes.com